蔬之集萃

张天柱　张德纯　编著

電子工業出版社
Publishing House of Electronics Industry
北京・BEIJING

内容简介

蔬菜是人们的一个重要食物来源，经过千百年历史的发展，现如今蔬菜品种丰富多彩，全国各地也有当地独有的品种资源。在漫长的生产历史过程中，特产蔬菜日益受到消费者的青睐，并产生了丰富的文化典故。本书分为三个章节，从蔬菜的起源、历史入手，介绍了农产品地理标志的含义及其特定的形成方式，更是在众多的蔬菜品种之中挑选了几十个名闻遐迩的品种，介绍了其特定的产地、特殊的风味、特殊的营养及文化典故、商品挑选、食用方法等。读者借此可以了解名特优蔬菜，用于厨房餐饮；也可饭后茶余用于消遣，丰富有关蔬菜的文化知识。

图书在版编目 (CIP) 数据

蔬之集萃 / 张天柱，张德纯编著 . —北京：电子工业出版社，2020.10

ISBN 978-7-121-39659-5

Ⅰ . ①蔬…　Ⅱ . ①张…　②张…　Ⅲ . ①蔬菜一文集　Ⅳ . ① S63-53

中国版本图书馆 CIP 数据核字（2020）第 184982 号

责任编辑：雷洪勤
印　　刷：北京富诚彩色印刷有限公司
装　　订：北京富诚彩色印刷有限公司
出版发行：电子工业出版社
　　　　　北京市海淀区万寿路 173 信箱　邮编 100036
开　　本：720×1000　1/16　印张：14.5　字数：256 千字
版　　次：2020 年 10 月第 1 版
印　　次：2020 年 10 月第 1 次印刷
定　　价：69.00 元

凡所购买电子工业出版社图书有缺损问题，请向购买书店调换。若书店售缺，请与本社发行部联系，联系及邮购电话：（010）88254888，88258888。

质量投诉请发邮件至 zlts@phei.com.cn，盗版侵权举报请发邮件至 dbqq@phei.com.cn。

本书咨询联系方式：（010）88254210，influence@phei.com.cn，微信号：yingxianglibook。

前言

中国蔬菜品种资源极其丰富，几乎全国各地（市、县、区、镇）都有当地特有的蔬菜产品。这些产品风味独特、品质优良、历史悠久，世代相传、闻名遐迩、声誉极高，在人们心目中占有重要的地位。

地方的特产蔬菜具有显著的地域特点。这正如《晏子春秋·晏子使楚》中所讲："橘生淮南则为橘，生于淮北则为枳，叶徒相似，其实味不同。所以然者何？水土异也。"为此，当地百姓以只有此地才有的物产引以为豪，细说起来，如数家珍。外地的人以能尝到地域的特产备感享受，赞叹不止。

人们对于特有的物产情有独钟，一方面是物质的，另一方面是精神的。《周易·系辞上》有："形而上者谓之道，形而下者谓之器。""形而上"是指：超乎形体之外者，即超经验或本体界的事物，相对于"形而下"而言。"形而下"是指：有形或具体者，即物理界或现象界的事物，相对于"形而上"而言。对于一种特产，既是有形的、有可量化的品质标准，也是一种感觉上的、微妙的、不可言喻的享受，这种享受既是物质的，也是精神的。

特有的物产，由于其产地的局限性，在其形成的历史过程中，往往披

上了一层神秘的面纱，产生了一些美丽的传说。生活告诉我们，历史是文化的源泉，一种物产的历史从哪里开始，它的文化就从哪里发源。历史在发展，文化在传承。物产年年消耗、年年生产，物产所承载的文化却年年积淀、年年丰满，愈来愈散发出醉人的醇香，令人神往，令人回味，给人生存的自信、生活的鲜香、智慧的启迪、精神的愉悦。

宝贵的农业资源是人类赖以生存的保障。这些资源是大自然恩赐给人类的，也是先民开发、培育出来的。这些资源属于今天的人类，也属于未来的人类。随着经济高速发展，一些宝贵的品种资源正在消失，舌尖上的感受只保留在脑海中，并在一天天消退。“农产品地理标志”工作的开展，为农产品保护开辟了一个新的天地，此项工作重在当下，利在千秋。作为蔬菜科研工作者，深感任重而道远，但前程远大。

路漫漫其修远兮，吾将上下而求索。

目录

中国蔬菜知多少

神农氏尝百草

人类已约有300万年的悠久历史，大约90%以上的漫长岁月，人类主要靠采集野生植物的果实、根、茎、叶和渔猎为生。在我国远古神话中就有“神农氏尝百草，一日遇七十毒”的描写。神农氏尝百草，实际上就是我们的先民尝百草，不知有多少人因误食毒草、毒菌而丢掉了生命，但正是这样，人类逐渐累积了有关植物的知识，为农业的发展奠定了基础。考古学家发现，距今7000年前，中国进入了新石器繁荣时期。由于这一时期的文化遗产首先发现于河南渑池仰韶村，因此称为仰韶文化。黄河流域的仰韶文化遗址已发现了1000多处，其中以西安半坡遗址最有代表性。在半坡遗址挖掘中发现了白菜、芥菜种子，以及斧、刀、锄、铲等磨制的石器。考古学家认为半坡遗址的先民是用石斧砍倒树木荆棘，放火烧去野草，再用石锄、石铲平地、松土，然后种上白菜、芥菜种子。这一考古发现，证明了远在6000多年前，我们的先民就已从事蔬菜生产。“蔬菜”二字，《说文》中解释为：“草之可食者曰蔬”。“菜”字源于“采”字，“采”的上半部为爪，下半部为木，“采”即是用于摘取植物之意，加“艹”为菜。历史考古学家在河南安阳商朝（公元前1562年—公元前1066年）都城遗址挖掘出的甲骨文中有“圃”的字样。圃是用篱笆围起来的小块菜地。从中国文字的起源及演变，可见蔬菜是从野生采集到种植繁养的发展过程。

《诗经》中的蔬菜

《诗经》是我国最早的诗歌总集，约成书于公元前544年。《诗经》对中国2000多年来的文学发展有着深远的影响，其中多数篇章源于民间诗歌，真实地记录了当时劳动人民的生活及生产劳动，具有极其珍贵的史料价值。其中共有37篇提及蔬菜，如《关雎》中的荇菜、《芣苢》中的芣苢（车前子）、《草虫》中的蕨、《中谷有蓷》中的蓷（益母草）、《七月》中的葵、《蓼莪》中的莪（抱娘蒿）、《泮水》中的茆（莼菜）、《召南·草虫》中的蕨等，提及各种蔬菜名称有30余种。上述诗篇的形式以四言为主，普遍运用赋、比、兴的手法，语言朴素优美，音节自然和谐，极富艺术感染力。在欣赏文学美的同时，我们对当时蔬菜种类也有一个较全面的了解。

《芣苢》中写道："采采芣苢，薄言采之。采采芣苢，薄言有之。采采芣苢，薄言掇之。采采芣苢，薄言捋之。采采芣苢，薄言袺之，采采芣苢，薄言襭之。"这首诗是古代妇女集体采摘野菜时合唱的歌，从那轻快的节奏中，表现出采集者劳动的欢乐。从这些诗歌中可以看出，由于当时生产力比较落后，诗中提及的蔬菜多处于野生采撷状态，尚属于野菜范畴。

起源于中国的蔬菜

中国地域辽阔，气候多样，多样的气候使中国成为重要的蔬菜起源中心。在现有的250余种蔬菜中有100余种起源于中国，其中有80余种传播到世界各地，为世界蔬菜发展做出了重大贡献。

南朝周兴嗣（公元469年—521年）编著的《千字文》，精思巧构，知识丰赡，音韵谐美，宜蒙童记诵，是一本家喻户晓的儿童启蒙读物。其中有："果珍李柰，菜重芥姜"之句。芥菜是中国最古老的蔬菜之一，在陕西西安半坡村新石器时代的遗址发现有芥菜种子。

西汉著名经学家刘向（约公元前77年—公元前6年）的著作《说苑》中记载有6种蔬菜，即瓜、芥菜、葵、蓼、薤菜、葱。除此之外，查阅文献资料，起源于中国的蔬菜有：葫芦、芜菁、韭菜、芋头、大豆、藠头、山蒜、山葱、萝卜、芹菜、冬瓜、蕹菜、白菜、苋菜、茼蒿、茴香、荠菜、魔芋、山药、牛蒡、笋、枸杞、香椿、黄花菜、百合、菱角、莲藕、蒲菜、茭白、芡实、荸荠等。

从外域引进的蔬菜

西汉是从外域引进蔬菜最多的一个朝代，这与汉武帝大力开边，并派张骞出使西域有关。此时引进的蔬菜多冠以一个"胡"字，如胡荽、胡葱、胡豆等，但也有不冠以"胡"字的，如茄子、豇豆、香芹、苜蓿等。

明清时期，从东南沿海一带引进的蔬菜多冠以一个"番"字或"洋"字，如番茄（西红柿），番椒、洋芋、洋姜、洋白菜等。但也有不冠有此二字的，如菜豆、菜花、苤蓝等。查阅文献资料，常见的从域外引进的蔬菜有：生姜、黄瓜、西瓜、南瓜、丝瓜、苦瓜、茄子、西红柿、辣椒、豇豆、菜豆、豌豆、扁豆、胡萝卜、大蒜、芫荽、苜蓿、葱、莴笋、菠菜、马铃薯、芥蓝、甘蓝、苤蓝、花椰菜、青花菜等。

常见的蔬菜如表1.1所示。

表 1.1　常见的蔬菜

种　类	主要蔬菜
根类蔬菜	萝卜、胡萝卜、芜菁甘蓝、根芹菜、美洲防风、根甜菜、婆罗门参、牛蒡 菊牛蒡
白菜类蔬菜	大白菜、白菜、乌塌菜、紫菜薹、菜心、薹菜
甘蓝类蔬菜	结球甘蓝、花椰菜、青花菜、球茎甘蓝、芥蓝、抱子甘蓝
芥菜类蔬菜	根芥菜、叶芥菜、茎芥菜、子芥菜
茄果类蔬菜	西红柿、茄子、辣椒、甜椒、酸浆
豆类蔬菜	菜豆、豇豆、扁豆、菜豆、蚕豆、刀豆、豌豆、四棱豆、菜用大豆、藜豆
瓜类蔬菜	黄瓜、冬瓜、南瓜、笋瓜、西葫芦、西瓜、甜瓜、越瓜、菜瓜、丝瓜、苦瓜、瓠瓜、节瓜、蛇瓜、佛手瓜
葱蒜类蔬菜	大葱、洋葱、大蒜、蒜黄、韭菜、藠头、韭葱、细香葱、分葱、楼葱
绿叶类蔬菜	菠菜、芹菜、莴苣、莴笋、蕹菜、茴香、苋菜、芫荽、叶甜菜、茼蒿、荠菜、冬寒菜、落葵、番杏、金花菜、紫背天葵、罗勒、榆钱菠菜、薄荷、菊苣、苦荬菜、紫苏、香芹菜、苦苣、菊花脑、莳萝
薯蓣类蔬菜	马铃薯、山药、姜、芋头、豆薯、甘薯、魔芋、草石蚕、葛、菊芋、蕉芋
水生蔬菜	莲藕、茭白、慈姑、荸荠、芡实、菱角、豆瓣菜、莼菜、水芹、蒲菜
海藻类蔬菜	海带、紫菜、石花菜、麒麟菜、鹿角菜
多年生蔬菜	竹笋、香椿、黄花菜、百合、草莓、枸杞、石刁柏、辣根、朝鲜蓟、蘘荷、霸王花、食用大黄、款冬、黄秋葵、菊花、甜玉米
芽苗类蔬菜	绿豆芽、黄豆芽、黑豆芽、萝卜芽、香椿芽、荞麦芽、苜蓿芽
野生蔬菜	蕨菜、薇菜、发菜、马齿苋、蕁菜、车前草、蒌蒿、马兰、蕺菜、沙芥

受“农产品地理标志”保护的蔬菜

名特优蔬菜品种

中国地域辽阔，跨三个气候带，大自然在不同的区域内赋予蔬菜不同的生长和发展条件。无论是起源于中国的蔬菜，还是由国外引进的蔬菜，经过农民长期的精心培育和选择，去芜存菁，代代相传，所选育出的优良品种，可以说丰富多彩，各具特色，别有风味。在这个基础上，各个地区又在得天独厚的生态环境和地域条件下，培育出各地的名、特、优蔬菜品种。这些品种资源历史悠久、世代相传、声誉极高，在人们心目中占有重要的地位。其产品以其优良品质、丰富的营养和特殊风味而著称，深受国内外消费者的欢迎。

“农产品地理标志”

中国蔬菜品种资源极其丰富，几乎全国各地都有当地独有的品种资源。这些蔬菜品种资源的共同特点是：其所具有的质量、声誉或其他特性品质取决于该产地的自然因素和人文因素，其名称永远不能被认为有通用性并且永远不能成为公产，是一种特定地域内某种特定产品的生产者可集体享用的权利。为了保护这一类蔬菜品种资源，农业部成立了农产品地理标志处。并于2008年颁布了《农产品地理标志管理办法》，对符合农产品地理标志保护的农产品进行保护。

田间地头的“活化石”

“农产品地理标志”中所登记的品种，绝不是短时间所能形成的，而是在特定的历史时期，伴随社会生产力和科学技术的发展逐步产生的，是经过若干代人辛勤努力栽培、培育的结果，是物化和精神结合的产物。其历史的渊源是可查考的，有历史的传承，是大多数人所公认的历史，而不是人为编造的历史。有些有历史渊源的品种甚至可称为田间地头的“活化石”。

进入“农产品地理标志”的农产品应起到推动区域特色农业和区位优势经济发展的作用，为市场提供优良产品，为生产者增加效益。

五个特定

受“农产品地理标志”保护的农产品（蔬菜）原则上应符合以下“五个特定”。

1. 特定的品种

蔬菜品种是指经过人工选择而形成遗传性状比较稳定、种性大致相同、具有人类需要的性状的栽培植物群体。萝卜是一类蔬菜，包含不同的品种，如北京心里美萝卜、潍坊萝卜、天津卫青萝卜、烟台红丁萝卜等。

不同品种之间无论是形状、大小，还是品质、营养，均有较大的差异，而同一个品种之间性状则基本相同。受“农产品地理标志”保护的蔬菜产品，必定是某一个特定的品种。

2．特定的品质

在特定的品种基础上，各个地区又在得天独厚的生态环境和地域条件下，培育出各地的名特产品。这些蔬菜品种都以其优良品质、丰富的营养和特殊风味而著称。

3．特定的地理环境

《晏子春秋·晏子使楚》篇有：“橘生淮南则为橘，生于淮北则为枳，叶徒相似，其实味不同。所以然者何？水土异也。”说的是作物生长受地理环境影响。所谓“特定的地理环境”，包括有海拔、纬度、地势、地貌、日照、温度、湿度、水质、土壤、微量元素等诸多元素。

《吕氏春秋·审时》篇有：“夫稼，为之者人也，生之者地也，养之者天也。”天地之间，变化无穷，不同的环境所孕育出的物产也不相同。因而古人特别强调“时宜”“地宜”“物宜”的“三宜”思想，其中的“地宜”，实质上就是强调“特定的地理环境”。

4．特定的人文历史

中国的饮食文化有着五千年的历史，是中国文化的重要组成部分。“食物”是物质，原本的功能是饱腹。但食物一旦和特定的人文历史结合，就赋予了其灵魂。“食文化”是物质与精神的结合，特定的人文历史延伸了

"食物"的本质，使之得以升华。地理标志保护的农产品，是特定的人文历史、精神文化的物质载体，其所承载的精神文化又给载体以新的内涵。这完美地阐述了"精神变物质、物质变精神"这一哲学命题。

5．特定的生产方式

受"农产品地理标志"保护的农产品，除具有特定的品种、特定的地理环境、特定的人文历史而影响其特定的品质外，特定的生产方式同样起着重要的作用。作为名、特、优的蔬菜产品，为了保持其优良的外观品质、优良的营养品质和优良的风味品质，生产过程中大多保持其特定的生产方式。

特定的生产方式包括产前、产中、产后、储运、包装、销售等环节。

点将台

北京心里美萝卜

心里美萝卜是北京郊区的一个地方萝卜品种。萝卜有一半以上露出地面，上部淡绿色，下部为白色。肉为鲜艳的紫红色，艳丽如花，极惹人喜爱。心里美萝卜是我国著名的水果萝卜品种，其皮薄、肉脆、味甜、多汁。

心里美萝卜富含维生素C、碳水化合物等，其中维生素C比一般水果还多。萝卜中的维生素A和维生素B以及钙、磷、铁也较丰富，此外还含有一种有助于消化的淀粉酶和多种营养素，能分解食物中的淀粉、脂肪，有利于人体充分吸收。

心里美萝卜原产地在北京南郊，现属北京丰台区管辖。西红门这个地方地处风河故道，土壤为沙质壤土，地下水清纯丰富，很适合心里美萝卜生长。如今，西红门的心里美萝卜不但誉满京城，还漂洋过海远销日本。

萝卜赛梨

旧时冬季北京胡同里，不时传出卖心里美萝卜小贩“萝卜赛梨”的吆喝声。心里美萝卜除了酥脆、水分多、含糖量高，其他成分也比梨高出一筹，是冬季的生食果蔬。据测定，心里美萝卜的维生素C含量比梨高8～9倍，磷含量比梨高7倍，维生素B_2含量比梨高3倍，铁的含量比梨高2倍。心里美萝卜中还含有淀粉酶和芥子油，这是梨所不具备的。淀粉酶有去滞助消化的功用，可帮助分解食物中的淀粉、脂肪；芥子油能促进胃肠蠕动，增进食欲，帮助消化，顺气解郁。

清代著名植物学家吴其浚在京为官，晚上总要买点心里美萝卜回家生吃。他在《植物名实图考》中对心里美萝卜的评价是：“琼瑶一片，嚼如冷雪，齿鸣未已，众热俱平。”

富含花青素

心里美萝卜肉质紫红，号称“满堂红”，这是含有花青素成分之故。花青素是纯天然的抗衰老的营养补充剂，研究证明是当今人类发现最有效的抗氧化剂，它的抗氧化性能比维生素E高出50倍，比维生素C高出20倍。它对人体的生物有效性是100%，服用后20分钟就能在血液中检测到。

花青素有增强微细血管循环、提高微血管和静脉血液的流动、增强心肺功能、保护心脏的作用。花青素是天然的阳光遮盖物，能够防止紫外线侵害皮肤、具有抗衰老和防癌作用。花青素还可以增强视力、消除眼睛疲劳，对由糖尿病引起的毛细血管病有一定的治疗作用。

“西红门的萝卜——叫城门”

心里美萝卜还有一段佳话。清朝的时候，有一年冬天，慈禧太后要到皇家苑囿南苑去打猎赏雪，来到西红门时，她骑马跑累了想吃梨，由于随从们连续奔跑，保暖盒的盖子掉了，梨冻成了冰坨。这时，西红门行宫管事给“老佛爷”端上一盘切好的心里美萝卜，让“老佛爷”解渴。慈禧见这萝卜鲜灵灵翠绿的皮、水汪汪紫红的心，透着一股鲜亮，令人垂涎欲滴。慈禧吃得满口生香，赞不绝口，当即传旨命西红门萝卜进宫。从那时起，只要西红门的菜农给宫里送心里美萝卜，什么时候叫城门什么时候就开。所以老北京有一句俗话，叫“西红门的萝卜——叫城门”。

商品挑选

有以下特点的心里美萝卜为佳品：根部大于头部，表皮颜色鲜艳光泽好，无开裂；瓤血红色、甜脆无糠心；根植无须根，有重量感。

食用小贴士

心里美萝卜含有的花青素是水溶性色素。在酸性溶液中颜色偏红，而在碱性环境中则呈紫蓝色。凉拌心里美萝卜时，添加适量的食醋，不仅可起到消毒的作用，而且可使菜肴的色泽更鲜艳。

天津卫青萝卜

卫青萝卜又名『沙窝萝卜』或『沙窝青』，已有600多年种植历史。它是天津市地方特有的品种，是著名的水果萝卜品种。天津的卫青萝卜外形整齐美观，叶丛平展，羽状裂叶，叶色深绿；根为圆柱形，五分之四露出地面，皮深绿色。肉呈绿色，皮薄肉细、质脆多汁，水分充足，口感脆甜微辣，吃起来清凉爽口。

卫青萝卜中维生素C的含量是梨和苹果的8～10倍。它含有大量的淀粉酶，可以分解淀粉，帮助消化；它还含有芥子油，有促进食欲的作用。中医认为其味甘辛、性微凉，可健胃消食、止咳化痰、顺气利尿。

卫青萝卜与沙窝萝卜

天津老话有“卫青萝卜金不换”的说法，“卫青”的“卫”是指产地天津卫，“青”即指萝卜皮、肉均为绿色。天津地区的形成始于隋朝大运河的开通。唐朝中期以后，天津成为南方粮、绸北运的水陆码头。宋朝、金朝时称“直沽寨”，元朝改称为“海津镇”，是军事重镇和漕粮转运中心。明朝永乐二年（1404年）筑城设卫，称“天津卫”。

卫青萝卜主产地原在天津市河西区小刘庄挂甲寺一带，20世纪30年代以后，小刘庄一带日渐繁华，环境的改变已不适宜萝卜种植，于是逐渐转移至沙窝村种植。沙窝村行政划分位于天津市西青区辛口镇，和千年古镇杨柳青毗邻，地处南运河河畔，其土质上沙下黏，特别适合萝卜的生长，于是卫青萝卜又被称为沙窝萝卜。卫青萝卜因其品质优良、风味独特而风靡天津、名扬四海。

“沙窝萝卜赛鸭梨”

天津人在赞美卫青萝卜（沙窝萝卜）时常用的话是：“沙窝萝卜赛鸭梨”。鸭梨为河北省古老地方品种，皮薄核小，汁多，酸甜适中，清香绵长，脆而不腻，素有“天生甘露”之称。用鸭梨反衬萝卜，抬高了沙窝萝

卜的身价，形象地表明沙窝萝卜的优良品质。沙窝萝卜确实酥脆，一拍即裂。从手上自然掉在地上可以摔碎，被坊间形容为“一摔掉八瓣”。沙窝萝卜广销日本和东南亚，成为天津外贸出口的名特产品。

沙窝萝卜就热茶

沙窝萝卜所含热量较少，每100克萝卜只含有30千卡的热量。沙窝萝卜富含膳食纤维，吃后易产生饱胀感，可减少食物的摄入量。又由于其含萝卜淀粉酶，能有效改善人体的肠胃功能，对减轻体重十分有效。经检测，沙窝萝卜含有双链核糖核酸，能诱导人体自身产生干扰素，提高机体免疫力，这对预防癌症有着重要意义。

天津人吃沙窝萝卜时喜欢就着热茶，一壶热茶，几块萝卜，下肚时实在是舒坦。天津民谚有：“沙窝萝卜就热茶，气得大夫满街爬。”话虽夸张，但意思是说，萝卜就茶，可以消食解病，不需要到大夫那里去看病。

商品挑选

沙窝萝卜表皮光滑，呈深绿色，皮薄肉细，质脆多汁，水分充足，口感脆甜微辣。

食用小贴士

沙窝萝卜最宜生食，那“嘎嘣儿脆”的口感让很多人都爱拿它当去火的水果吃。此外，天津人还拿它做糖醋萝卜丝、水果萝卜丝等，酸甜可口。当然，最具特色的是鲫鱼萝卜汤、干贝萝卜丝汤，萝卜爽嫩，肉烂鲜香，汤浓色白。

山东潍坊萝卜

潍坊萝卜是山东省优良萝卜品种，俗称高脚青或潍县青萝卜，因原产于山东潍县，又称潍县萝卜。潍坊萝卜的栽培已有300多年的历史，清朝乾隆年间的《潍县志》中就有关于它的记载。潍县萝卜的主产地分布在潍县城（今潍城区）的周围，白浪河、虞河和潍河一带，尤以北宫附近所产为最佳。潍县气候温和、温差较大、光照充足、降雨量适中。其主要产地白浪河及虞河两岸为冲积平原，地势平坦，土层深厚，土壤肥沃，地下水资源丰富，土壤轻黏，微碱性，保水保肥能力强，有机质、磷、钾等元素含量较高。据科学研究证明，钾对于萝卜品质的形成和提高具有特殊作用。正是这样特定的气候条件和土壤基础，孕育了优质的潍县萝卜品种。

“农产品地理标志”保护产品

2006年，国家质检总局批准对潍坊萝卜实施地理标志产品保护。

潍坊萝卜叶丛半直立，叶色深绿，裂叶较小而薄。其肉质根为长圆柱形，长25厘米左右，径粗5厘米左右；肉质根出土部分占总长的3/4，皮较薄，外披一层白锈，灰绿色；入土部分皮白色，尾根较细。潍坊萝卜肉质翠绿色，肉质致密，生食甜脆清香，汁多无渣，是著名的水果萝卜。潍坊萝卜具有浓郁独特的地方风味和鲜明的地域特点，是享誉国内外的名特优地方品种。

木质素可防癌

潍坊萝卜营养丰富，堪称保健食品。据检测，潍坊萝卜肉质根中还原糖含量为3.0% ~ 3.5%，可溶性固形物为6% ~ 7%，维生素C含量为300mg/kg，干物质7%左右，含有丰富的淀粉酶，另外还含有钙、铁和芥辣油等。据《潍县志稿》记载，潍县萝卜味辛，入药能行气、化痰、消食。潍县萝卜含有淀粉酶，有治疗积食腹胀、咳嗽多痰的功效。

最新研究表明，潍县萝卜中含有木质素，能使人体的巨噬细胞活力提高2 ~ 3倍，可提高人体的免疫力，有防癌的作用。此外，生食萝卜还可以降低胆固醇，减少高血压和冠心病的发生。

切萝卜的手艺

潍坊萝卜名闻遐迩，潍坊萝卜切割也很有一番讲究。先将洁净的小块白布摊于膝盖，一手握住萝卜，另一手持小刀，将萝卜底部抵住膝盖，从上至下地割开，刀茬笔直，一般呈六瓣状，底部不得散开。切割时那脆生生的声音，颇为悦耳。更有技艺高者，并不将萝卜抵住膝盖，而是一手掂旋萝卜，另一手快速下刀，悬空切割。割完后，用手一拍，只听“啪”的一声，切开的萝卜像一朵绽开的翠绿的花，且正中留有长条散状萝卜心，酷似花蕊，惹得围观者叫好声不绝。

郑板桥与潍坊萝卜

清朝著名文人郑板桥曾在潍坊任知县七年，留下了很多动人传说，其中一个就与潍坊萝卜有关。郑板桥为官清正，两袖清风，从不受贿，也不给上级送礼。有一年，朝廷派了一个钦差大臣到山东巡查，这位钦差姓娄，贪婪成性，到处搜刮民脂民膏。娄钦差来到潍坊，郑板桥便命四个衙役将一个大食盒用红缎子扎好，给钦差大人送去了。钦差一见送来了大食盒，沉甸甸的，心想绝不会少于一千两白银，乐得嘴都合不上了。他兴高采烈地解开红缎子，打开食盒一看，气得七窍生烟，原来食盒里装的不是银子，而是一个大萝卜，上面有信笺一张，写着四句诗：

“东北人参凤阳梨，难及潍县萝卜皮。今日厚礼送钦差，能驱魔道兼顺气。”

郑板桥在任潍坊知县时写下的著名诗篇，被当今聪明的潍坊人民古为今用，把诗句改造成“烟台苹果莱阳梨，不及潍坊萝卜皮。”

商品挑选

潍坊萝卜肉质根为长圆柱形，出土部分占总长的3/4，灰绿色，入土部分皮为白色，尾根较细，表皮不发干，水气比较大。拿起来掂一掂它的轻重，有压手的感觉。潍坊萝卜肉质翠绿色，生食脆甜、多汁，味稍辣。

食用小贴士

萝卜去皮，切成5厘米的萝卜条，加甜面酱、味精、糖和香油拌匀，清脆爽口。

天津青麻叶大白菜

天津栽培大白菜的历史悠久，追溯至元代就已经有文字记载。由于天津产的大白菜品质优良，民间早就有『天津白菜，嫩于春笋』的说法，其品质居全国之首。天津栽培的大白菜以青麻叶大白菜为上乘。

天津位于海河下游，地跨海河两岸，地势平坦，土壤偏碱性。海洋气候对天津的影响比较明显，秋季凉爽，冷暖适中，有利于青麻叶大白菜生长。其叶球是长圆筒形，直立、包心紧，外叶为绿色，叶缘大多呈浅波状，叶面核桃纹明显，心叶为淡绿色。

“御河菜”

老天津人都知道以前过冬吃的大白菜微带甘甜，熬完一锅大白菜，吃到最后剩下的白菜“汤”是浓缩的精华，味道鲜甜清淡。不像现在很多的大白菜，虽然个头越来越大，但是已经没有明显的甜味了。青麻叶大白菜之所以会略带甜味，其实源于孕育它的水土。青麻叶大白菜以前还叫“御河菜”，“御河”就是运河。《静海县志》中曾写道：“乡味之美，秋末晚菘是也，味美而食久，运河沿岸产者最良。”天津水土肥沃，运河水性甘甜柔和，很适合灌溉，所以靠运河水产出来的青麻叶大白菜品质优良。

青麻叶大白菜“开锅烂”

青麻叶大白菜在天津已有三四百年的种植历史。《津门竹枝词》中也有“芽韭交春色半黄，锦衣桥畔价偏昂，三冬利赖资何物，白菜甘菘是窖藏。”的记载。

天津人冬季喜食白菜，尤其钟情于青麻叶大白菜。青麻叶大白菜叶子很绿，叶面的皱褶很像核桃皮的纹路。这种大白菜长得周正直挺，而且包心很紧，白菜帮子薄，白菜梗子少，叶肉柔嫩，下锅后水一沸就“烂”，所

以天津人又管它叫“开锅烂”。

多吃白菜能预防乳腺癌

美国纽约激素研究所的科学研究发现，中国和日本妇女的乳腺癌发病率比西方妇女低得多，是由于食白菜多的缘故。调查表明，每10万妇女中，每年乳腺癌的发病人数为：中国6人，日本21人，北欧84人，美国91人。科学家发现，白菜中含有一种化合物，它能帮助分解同乳腺癌相联系的雌激素，这种化合物叫吲哚-3-甲醇，约占白菜干重的1%。经检测，青麻叶大白菜富含吲哚-3-甲醇。

商品挑选

上好的青麻叶大白菜直挺如棍，菜帮薄而细嫩，菜叶经脉如核桃纹，水汽大、菜筋少，开锅就烂。

食用小贴士

青麻叶大白菜最适于做“上汤白菜”。将白菜心放入沸水中焯至断生，立即捞入凉开水中漂凉，用刀修整齐，放在汤碗内。倒入去油的高汤，加佐料，上笼蒸熟即成。本菜汤清如水，菜绿味鲜，具有益胃通便、增强食欲的作用。

河北玉田包尖白菜

河北玉田县白菜种植历史悠久，19世纪末清朝光绪年间《玉田县志》有记载：『玉田白菜，一名菘，有十数斤者，甘脆、甲他邑』。玉田包尖白菜是河北省玉田县玉田镇、虹桥镇、杨家套乡、亮甲店镇、彩亭桥镇、郭家屯乡6个乡镇特有的地方品种。

玉田地处燕山南麓，渤海之滨，属北温带大陆性季风气候，雨热同季，土壤肥沃，地下水中偏硅酸和锶的含量达到国家饮用矿泉水标准的界限标准，独特的地理条件、清澈的水系、丰饶的土壤和适宜的气候成就了玉田包尖白菜上乘的品质。玉田包尖白菜具有耐贮藏、不抽薹、叶甜、脆、嫩、不乱汤等特点。更为独特的是，嫩菜心可生食，甜脆鲜嫩，清心爽口，有去油腻、解酒醉的功能，是酒席宴上的美味佳品。

富硒白菜

玉田包尖白菜富含多种微量元素，据检测，其铁、锌、硒等营养物质

含量高于其他同类产品，特别是硒含量为0.02mg/kg，达到了富硒蔬菜的含量标准，是为数不多的富硒白菜。

硒是人体必需的微量元素。硒参与合成人体内多种含硒酶和含硒蛋白。硒能提高人体免疫力，促进淋巴细胞的增殖及抗体和免疫球蛋白的合成。硒对结肠癌、皮肤癌、肝癌、乳腺癌等多种癌症具有明显的抑制和防护作用，其在机体内的中间代谢产物甲基烯醇具有较强的抗癌活性。硒与维生素E、大蒜素、亚油酸、锗、锌等营养素具有协同抗氧化的功效，增加了抗氧化活性。

蓝田玉

《红楼梦》第三十七回“秋爽斋偶结海棠社　蘅芜苑夜拟菊花题”中有史湘云《咏白海棠》诗：

> “神仙昨日降都门，种得蓝田玉一盆。自是霜娥偏爱冷，非关情女亦离魂。秋阴捧出何方雪，雨渍添来隔宿痕。却喜诗人吟不倦，岂令寂寞度朝昏。”

诗中“蓝田玉”典出自《搜神记》卷十一：“公至所种玉田中，得白璧五双，以聘。徐氏大惊，遂以女妻公。”写的是杨伯雍在蓝田的无终山种出玉来，得到美好的婚配。后用来比喻男女获得了称心如意的美好姻缘。

据红学大师周汝昌考据，诗中“蓝田玉”实指玉田白菜。

“胶菜”和“御菜”

《藤野先生》是鲁迅的一篇回忆散文，记叙了作者从东京到仙台学医的几个生活片段。文中有：“大概是物以稀为贵罢。北京的白菜运往浙江，便用红头绳系住菜根，倒挂在水果店头，尊为‘胶菜’。”大白菜产于北方，到了江浙一带甚为珍贵，情有可原。但北京的白菜在浙江尊为‘胶菜’，相互矛盾，实为费解。

问询多位浙江籍老人，他们说曾见过用红头绳系住的白菜售卖，但记忆中写的是“御菜”。玉田白菜曾作为贡品进过皇宫，被称为“御菜”，先生文中提及的“胶菜”如果是“御菜”，则应是玉田白菜。

商品挑选

玉田白菜的叶球呈直筒形，顶部稍尖，呈圆锥状，叶色深绿，叶脉细密，拧抱紧实。

食用小贴士

玉田白菜，做馅，清鲜宜人；溜炒，不乱汤；菜心生食最佳，甜脆鲜嫩，清心爽口，有去油腻、解酒醉之功能。

山东胶州白菜

山东胶州大白菜是山东省胶州市的特产之一，俗称『胶白』，原产于胶州南关南三里河一带的田地。它对肥水的要求极为严格，适于在湿润温和的气候下生长，而三里河周边地势平坦，地下水位高，土层为深厚的粉沙质土壤，非常适宜白菜生长。

清朝道光二十五年（公元1845年），《胶县县志》记载："其蔬菘谓之白菜，隆冬不凋，四时常见，有松之操……其品为蔬菜第一，叶卷如纯束，故谓之卷心白。"《胶县县志》中提到的"菘"，即胶州白菜。

胶州大白菜具有帮嫩薄、汤乳白、味甜鲜、纤维少、营养高的特点。它含有的钙是西红柿的5倍；含有的维生素C是西红柿的1.4倍、黄瓜的4倍；含有的胡萝卜素是黄瓜的1.8倍。

"胶白"名扬天下

胶州大白菜远在唐代即享有盛誉，传入日本、朝鲜，称为"唐菜"。1875年胶州大白菜在日本东京博览会展出，从此名扬天下。1956年苏联专家亚维尔舍金·沙加诺维奇来胶州考察，回国后出版了专著《中国宝贝——山东胶州白菜》。陈毅元帅曾在诗中赞美："伟哉胶菜青，千里美良田"。1957年，毛泽东赠送胶州大白菜给宋庆龄，宋庆龄十分感动，专门写信致谢。

《藤野先生》一文中的"胶菜"

鲁迅先生在《藤野先生》一文中提及的"胶菜"，如果是确凿无疑的话，那就不是"北京的白菜运往浙江"，而应是"山东的白菜运往浙江"。时间长了，先生可能记错了。有趣的是在《藤野先生》一文中同样记错了一件事。文中提及"他（藤野先生——编者注）所改正的讲义，我曾经订成三厚本，收藏着的，将作为永久的纪念。不幸七年前迁居的时候，中途

毁坏了一口书箱，失去半箱书，恰巧这讲义也遗失在内了。责成运送局去找寻，寂无回信。”鲁迅先生逝世后，亲属在他书房中找到了他认为丢失的三厚本讲义。

商品挑选

正宗的胶州大白菜呈倒卵圆形，纤维较少，入口脆甜。胶州大白菜是注册为“农产品地理标志”商标的名牌农产品。上市的每棵胶州大白菜都有“户籍”，登录胶州市大白菜协会网站（http://www.bc32.com），消费者可以通过唯一编码查询。

食用小贴士

“扒栗子白菜”属于鲁菜系，集美味、营养于一身。先把胶州白菜心顺刀切长条，用开水焯软后，理顺码放盘中。将生栗子切口，煮熟，去皮，再切两半。锅放油烧温热，放葱姜末爆香，烹料酒，加酱油、盐、高汤、白糖、味精，放栗子、白菜，转微火稍煮，勾水淀粉，翻勺，淋香油即成。此菜鲜、咸、软、烂，有栗子的香甜味。

武汉洪山菜薹

洪山菜薹是紫菜薹的珍稀品种，俗称『大股子』，因其原产于湖北省武汉市洪山区一带而得名，是中国『农产品地理标志』保护产品。其茎肥叶嫩，色香味美。清代的《武昌县志》《汉阳县志》中有洪山菜薹『味尤佳，它处皆不及』之类的记载。由于洪山菜薹色、香、味、形俱美，又应了『紫气东来』之说，因而它是春节前后的席上珍馐、待客佳肴。

宝通禅寺与洪山菜薹

宝通禅寺位于武昌洪山南麓，为历世清净佛刹，三楚第一佛地，武汉市著名佛教“四大丛林”之一，是武汉现存最古老的寺院。从宝通禅寺沿山而上，就是古老的洪山宝塔，此塔是为纪念开山祖师灵济慈忍大师所建，又名灵济塔。明朝成化二十一年（1485年），塔随寺改名为宝通塔。因其坐落洪山，后人又称其为洪山宝塔。

宝通禅寺钟声播及之处，长满了茂盛的洪山菜薹。洪山菜薹以宝通禅寺钟声播及之处生长得最美，其中以宝塔投影之地生长的薹菜味道最佳，称为极品菜薹。

“绝代双娇”

1956年毛泽东主席来到武汉，写下了脍炙人口的词作《水调歌头·游泳》。词中有：“才饮长沙水，又食武昌鱼”的名句。武昌鱼盛产于梁子湖中，名闻遐迩，是高档宴席上的珍馐。

洪山菜薹在唐代已经是著名的蔬菜，历来是湖北地方向皇帝进贡的土特产，曾被封为“金殿玉菜”。洪山菜薹与武昌鱼齐名，是楚天菜肴中两种名菜，楚人将其赞誉为“绝代双娇”。

孝子菜的故事

公元221年，割据江东的孙权自公安迁鄂（今鄂州），取“武而昌”

之义，改鄂为武昌。一日，孙权携母亲吴国太等一行出城游玩，途经东山（今武汉市洪山区），当地官员置酒相迎，席间杯盏交错，宾主尽兴。吴国太对一盘紫色菜肴赞不绝口，夸其甜脆清香。自此以后，每逢洪山菜薹上市季节，孙权必派人来索取，以供吴国太食用。

公元229年，孙权迁都建业（今江苏省南京市），孙权命地方官员每年将洪山菜薹运至建业，直到吴国太过世。孙权孝顺母亲一事在洪山引为美谈，洪山菜薹因此又被世人称为“孝子菜”。

水土不同则味不同

一直以来都有人想在洪山以外种植洪山菜薹，尽管可以生长，但味道远远不及。王徒心《续汉口丝谈》上有关于移植的记载：“光绪初，合肥李瀚章（李鸿章之兄）督湖广，酷嗜此品，觅种植于乡，则远不及。乃掘洪山土，船载以归，然味道差矣！”

民国初年，湖北都督黎元洪离开湖北，到北京当大总统时，每临冬天，必派专差到洪山来运洪山菜薹。由于长途大批运输，鲜菜运到北京后，时间一久，洪山菜薹失去原有的色泽和鲜味，较之产地新鲜嫩菜薹当然逊色不少，常使食者感到美中不足。于是有人出谋把洪山的泥土装上几火车皮运往北京试种，结果，菜薹虽长出来了，但色不红、味不鲜。试种失败，更感到洪山菜薹之可贵，以后不得不沿用老办法，用火车成批运转洪山菜薹到北京。

商品挑选

洪山菜薹从11月上旬到翌年3月上市，其食用部分主要是嫩薹秆，以长逾尺许、一指粗细、颜色紫红、质地鲜嫩为上品。

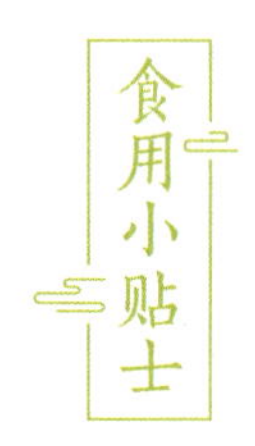

洪山菜薹营养丰富，甜脆爽口，经霜冻后味道特佳，是武汉人冬天的美味。腊肉炒洪山菜薹是武汉的一道名菜。

安徽宝应乌塌菜

乌塌菜又名塌菜、塌棵菜、塌地松、黑菜等，为十字花科芸苔属芸苔种白菜亚种的一个变种，以墨绿色叶片供食，原产中国，主要分布在长江流域。『黑桃乌』是安徽宝应独有的乌塌菜优质农家菜种，经霜耐寒，抗病虫害能力较强，尤其是霜雪过后，色、香、味极佳。

“黑桃乌”株形矮伏、叶柄短，叶片呈倒卵形，叶面凹凸有刻痕，如同核桃外壳，叶色青中发黑、黑里透亮，因此取“核桃”之谐音，故有美称“黑桃乌”。

大自然的恩赐

安徽宝应的邻县：东面的盐城、南面的高邮、西面的金湖、北面的淮安均没有这个品种的菜种，因此“黑桃乌”在江苏的知名度非常高。“黑桃乌”虽属稀有品种，却能在宝应大面积生长。这的的确确是宝应一大奇特的景观。

宝应气候温和，四季分明，雨水丰沛，日照充足，属于北亚热带季风性湿润气候，适宜动植物繁衍生长。宝应是水乡泽国，土壤偏酸性，富含有机质，其土壤保水保肥力强。“黑桃乌”是大自然对宝应人民最大的恩赐。

诗人的咏唱

宋代田园诗人范成大在宋孝宗淳熙十三年（1186）于石湖养病时写出“四时田园杂兴”，其序曰：“野外即事，辄书一绝，终岁得六十篇”。全诗分“春日”“晚春”“夏日”“秋日”“冬日”五组，各十二首。钱钟书在《宋诗选注》中评价这些田园诗为“中国古代田园诗的集大成”。

诗人在“冬日”中有：“拨雪挑来踏地菘，味如蜜藕更肥醲。朱门肉食

无风味，只作寻常菜把供。”这里的“踏地菘”即是“黑桃乌”，诗人认为“黑桃乌”的味道胜于蜜藕，足见诗人对“黑桃乌”的青睐。

价贵而物有所值

乌塌菜的叶片肥嫩，可炒食、做汤、凉拌，色美味鲜，营养丰富。每100克鲜叶中含维生素C高达70毫克、钙180毫克，同时含有丰富的铁、磷、镁等矿物质，被称为“维他命”菜，备受人们青睐。

“黑桃乌”属宝应特有品种，因此价格也较高。北方的大白菜在宝应卖的价格每斤在0.5元左右，而“黑桃乌”最高价卖到4元一斤，可见两者之间的区别有多大。尽管价格高，但冬春季节，宝应的千家万户可以不吃鱼肉，几乎每天却要吃上一顿“黑桃乌”方可罢休。

宝应人的礼品

春运期间，宝应的车站前有一道独特的风景线，那就是在宝应工作或者是宝应人外出和亲人团聚的，都要大包小包地带上成捆的“黑桃乌”，而不管价格多高、旅途多么辛苦。寒冬腊月，在外地打工的宝应人以给老板带上几斤“黑桃乌”为荣，给亲朋好友捎上“黑桃乌”为最好的礼物。区区蔬菜，奉为上乘，宝应人对“黑桃乌”有着浓浓深情。

商品挑选

“黑桃乌”叶柄短，叶片呈倒卵形，叶面皱褶似核桃纹；叶片肥厚，颜色深绿近黑色；鲜嫩、不脱水。

“黑桃乌”的吃法多种多样，百姓称“黑桃乌”为“逢菜配”。“黑桃乌”烧河蚌味道鲜美，尝过这道菜的外地人无不赞不绝口，称之为“天下第一鲜”，名不虚传！

河北望都辣椒

辣椒原产于拉丁美洲热带地区。在中国主要分布在四川、贵州、湖南、云南、陕西、山东、河北等地。其中四川成都、山东益都、河北望都并称为『三大辣都』。

河北望都辣椒已有500多年的种植历史。望都辣椒不仅是河北省的名贵土特产，也成为中国传统的出口农副土特产品之一。

望都县隶属于河北省保定市，与保定市区接壤。望都土壤肥沃，土壤中微量元素含量高，经过世代望都人筛选提纯，培育出独具特色的羊角椒，因此望都辣椒又称为“羊角辣”，因其形若羊角而得名。

望都辣椒色泽深红，肉质肥厚，油性大，辣度适中，辣素、香素含量高，香味浓郁，在海内外享有盛誉。望都辣椒不仅是河北省的名贵土特产，也成为中国传统的出口农副土特产品之一。

源于山西洪洞

望都辣椒已有500多年的种植历史。明朝洪武年间（公元1368年—1398年），明太祖朱元璋封四太子朱棣为燕王，并派他率兵北征。燕王扫北，逐鹿中原，过后留下一片焦土。为了补充人丁，恢复生产，统治者从山西洪洞县迁来一批百姓。他们带来了家眷、牲口和生产工具，也带来了辣椒种子。自此山西的辣椒在望都开花结果，逐渐形成望都辣椒的独特风味。明末清初，随着资本主义的萌芽和商品经济的发展，农民对辣椒的种植开始以自给转向大规模种植的商品化生产。到清末，望都辣椒有了较高的声誉和广泛的影响，以其优质的品种和较大的种植规模赢得了“辣都”的誉称。

“维C之王”

望都辣椒以产量大、色红、肉厚、味香、久放不坏著称。辣椒营养价值很高，堪称“蔬菜之冠”。据分析，它含有维生素B、维生素C、蛋白

质、胡萝卜素、铁、磷、钙，以及糖等成分。每千克干辣椒中含维生素C 1050毫克。人们如能经常少量食用，对增加食欲、保障身体健康大有益处。

望都辣椒油

望都辣椒油久享盛誉，早在清朝中后期，就有了以棉籽油、辣椒为主料的辣椒油。21世纪初，望都城内农民王朝臣翻阅了大量药书，对辣椒油进行了改制，他把棉籽油改为小磨香油，选定丁香、肉桂、豆蔻、砂仁、白芷等中草药为配料，加之一套精细的制作方法和较好的卫生条件，形成具有香辣浓郁、营养丰富、久置不退味、不褪色、不沉淀，能祛风散寒、益脾开胃、舒筋活血功能特点的望都辣椒油。望都辣椒油拌荤去腻、拌素增芳香，很快传遍京广沿线大城市，一些外国人也慕名而来，产品供不应求。

辣椒文化博物馆

望都建有国内首家以辣椒文化为主题的博物馆——中国望都辣椒文化博物馆。博物馆分序厅、主展厅、商品展示厅三部分。序厅是主题为《九龙河畔辣椒红》的巨型玻璃钢浮雕，主展厅划分为“千年古县尧母故里”“天助人勤 椒红沃土”“妙手调味 椒油飘香”“辣业骄子 商海弄潮”“以椒为媒 广结商缘”“辣都风情 厚德载物”“尧韵椒乡 风生水起”7个板块，从不同角度反映了望都辣椒产业的发展史和辣椒文化的深厚与璀璨。商品展示厅则通过业态众多、口味各异的辣椒制品，展出作品千余件，全景展

现了望都辣椒产业发展的辉煌成就和望都人民的勤劳智慧。

商品挑选

望都辣椒色泽深红、外皮光亮、肉质肥厚、椒条整齐、油性大。

食用小贴士

医药专家认为，辣椒能缓解胸腹冷痛，抑制痢疾，杀死胃腹内寄生虫，控制心脏病及冠状动脉硬化；还能刺激口腔黏膜，引起胃的蠕动，促进唾液分泌，增强食欲，促进消化。在日常菜肴中加入一点辣椒，对身体的健康大有益处。

云南邱北辣椒

云南邱北辣椒始种于明朝末年，迄今已有350多年历史，是闻名全国的云南特产之一。只要有人提到邱北，就会自然想到辣椒，提到辣椒，就想到邱北。辣椒是邱北县特产，它驰名中外，闻名遐迩。早在1983年12月就荣获我国对外经济贸易部颁发的优质产品奖，1999年11月，邱北县又被评为『中国辣椒之乡』。

坝子上的辣椒

邱北县境内地貌多种多样，有山地、山间盆地、河谷、湖泊、河流等，其中山间盆地500亩以上的坝子有40多个，5000 ~ 10000亩以上的坝子有6个。坝子是我国云贵高原上的局部平原的地方名称，主要分布于山间盆地、河谷沿岸和山麓地带。这些海拔在1400 ~ 1800米的坝子，气候温和，地势平缓，土壤肥沃，灌溉便利，是生产辣椒的精华之地。

邱北辣椒分枝较多，一般可达6 ~ 8枝，每个植株可结果100 ~ 400多个。果实为指形，老熟后果皮呈紫红色。按果实着生状态可分为吊把椒、朝天椒、杧果椒3个品种。

个小、色艳、辣而香

邱北辣椒色、香、味独具特色，并有其特殊的营养价值和药用价值。邱北辣椒个小、色艳、皮厚、辣而香、味道纯正、油脂高、食味佳，富含蛋白质。经测定，邱北辣椒果内含有脂肪13.1%、蛋白质11.98%，也含有一定的有机酸辣椒素。另外，每百克鲜重辣椒含维生素C 24.5毫克、胡萝卜素3.21毫克，此外，还富含钙、磷、镁等微量元素。

商品挑选

鉴别邱北辣椒的方法很简单，一是邱北辣椒辣而香，肉厚籽多，没有尖辣、淡辣之味；二是用纸将辣椒面包上两三层，一两天后几层纸都将被辣椒油脂浸透，这就是真正的邱北辣椒了。

食用小贴士

人们都喜欢用邱北辣椒做佐食，制作别有风味的蘸水、卤腐、咸菜等。邱北辣椒做佐食相当于用别的辣椒再加入芝麻等多种香料的总和。邱北辣椒还因富含辣椒素而具有促进食欲、帮助消化、温中下气、散热除湿、治呕吐、止泻痢、消食杀虫、促进生发等功能。

山东章丘大葱

章丘大葱因产于山东济南章丘而得名，是山东省著名特产之一。章丘大葱的原始品种于公元前681年由中国西北传入齐鲁大地，已有三千多年的历史。在明朝，章丘大葱在女郎山西麓一带（今乔家村、马家村、石家村、高家村等地）栽培已很普遍。早在公元1552年，章丘大葱就被明世宗御封为『葱中之王』。

章丘属暖温带季风区的大陆性气候，四季分明，雨热同季，春季干旱多风，夏季雨量集中，秋季温和凉爽，冬季雪少干冷。年均日照2647.6小时，平均气温12.8℃，年平均降水量600.8毫米，相对湿度65%，无霜期192天。

这种独特的地理和气候环境，孕育出章丘大葱这样的世界名产。

高、长、脆、甜

章丘大葱有高、长、脆、甜的突出特点。

高：章丘大葱的植株高大，是当今国内外所有大葱品种的佼佼者，故有“葱王”之称。

长：章丘大葱的葱白很长、很直，一般50 ~ 60厘米，最高可达80厘

米。全株最长可达2米，单株重1斤多，被誉为“世界葱王”。

脆：章丘大葱质地脆嫩，味美无比。

甜：章丘大葱的葱白，甘芳可口，很少辛辣，最宜生食，熟食也佳。

章丘大葱中含有较多的蛋白质、多种维生素、氨基酸和矿物质，并富含微量元素硒，在当地又被誉为“富硒大葱”。

如言山东菜，菜菜不离葱

章丘大葱有特殊的香味和辛辣味：常食大葱，不但能增进食欲，并有一定的医疗效果。葱白肥大、细嫩，于淡辣中略带清甜，耐久藏；生吃、凉拌最佳，炒食、调味亦好，堪称葱中珍品。章丘大葱是山东人最喜爱的常备蔬菜之一。

山东人爱吃葱，葱既可生吃，又可熟食。生吃，尤以大葱剁段或切丝蘸甜面酱就面饼而食，是山东人的嗜好。熟食，就自成体系的鲁菜来说，无论是爆、炒、烧、熘，还是蒸、扒、炸、烤，都少不了章丘大葱。葱烧海参、葱烧蹄筋、葱烧肉、葱扒鱼唇等名菜，都以章丘大葱为主料，故有云：“如言山东菜，菜菜不离葱。”可见葱在鲁菜中举足轻重的地位。

在鲁菜中，其葱不仅可作主料，亦可作辅料，更可作调料。就连大名鼎鼎、驰誉中外的北京全聚德烤鸭，也用章丘大葱作为佐料。

章丘大葱助力APEC

2014年亚太经合组织第22次领导人非正式会议在北京怀柔雁栖湖会址

召开。此次会议的欢迎晚宴由全聚德集团作为餐饮供应商，在APEC欢迎晚宴上，宴会主桌21个国家和地区领导人享用的全聚德烤鸭专配葱丝为章丘大葱。

大葱被切成长6.5厘米、宽0.3厘米的葱丝，端上了晚宴的餐桌，受到与会代表欢迎。事后，中国全聚德集团股份有限公司致信章丘市，对章丘市协助顺利完成此次重大国际会议餐饮服务工作所提供的支持和帮助表示衷心的感谢。

商品挑选

章丘大葱葱白长，葱叶翠绿。辣味稍淡，微露清甜，质地脆嫩，适宜久藏。

食用小贴士

章丘大葱中含有较多的蛋白质、多种维生素、氨基酸和矿物质，并富含微量元素硒，特别是含有维生素A、维生素C和具有强大杀菌能力的大蒜素，适于生食。

河北隆尧鸡腿葱

河北隆尧鸡腿葱是河北隆尧县特产，早在唐朝，隆尧就盛产大葱。千余年来经过当地农民精心培育，隆尧鸡腿葱的品种日趋优良。植株健壮直立，高50～60厘米，叶呈粗管状，深绿色，叶鞘浅绿，葱基部肥大，横径5～8厘米，上细下粗，形似倒立的鸡腿，故名鸡腿葱。

鸡腿葱洁白光亮、肥厚柔嫩、质地细密、肥厚柔嫩，具有少辛辣而多香甜、香味浓郁、嚼之清香盈口等特点，适于生吃、熟食及加工。

独特的“蒙金地”

隆尧大葱优良特性的形成与当地的气候、土壤和水质条件有密切联系。隆尧大葱的主要产地在隆尧县西部，地处冀南平原太行山东麓，属东部季风区暖温带半干旱性气候区。这里大陆性气候非常明显，四季交替分明，光照充足，年均降水量500多毫米，主要靠地下水灌溉，水质较好，为重碳酸性，适于长期灌溉。大葱集中产区为石灰性褐土，主要分布在河两岸以及故道流域，土壤疏松肥沃，群众称之为蒙金地。这里生长的大葱品质好，葱白质地细腻，内质肥厚，味道鲜辣，风味奇特，植株健壮，没有分枝。

扁鹊医方

隆尧大葱历史悠久，据《尧山县志》（尧山县，今属隆尧县）记载：“葱味辛性冷宜沙，此地种植最多。”明朝李时珍所著《本草纲目》记载：“卒中恶死，或先病，或平居寝卧，奄忽而死，皆是中恶。急取葱心黄刺入鼻孔中，男左女右，入七八寸，鼻目出血即苏；又法，用葱刺入耳中五寸，以鼻中血出即可活也，如无血出即不可活矣。”相传此法为扁鹊秘方，扁鹊是战国时医学家，曾经在今内邱、隆尧一带行医。扁鹊生活的时代距今已有2400多年历史，可见隆尧大葱栽培之长久。

大葱品种中的佼佼者

隆尧大葱是我国众多大葱品种中的佼佼者。从其形态、质地和营养价值诸多方面看，均具有独特风格。隆尧大葱体短色白，上细下粗，没有分枝。葱头和鳞茎洁白光亮，肥厚柔嫩，辣香味浓，清香宜口，葱白多，葱汁浓，实为烹制佳肴的上等用菜。

隆尧大葱还具有很高的药用价值。每100克葱含：蛋白质1克，糖6克，脂肪0.3克，维生素A 1.2毫克，维生素B 0.8毫克，维生素D 0.05毫克，维生素C 14毫克，钙12毫克，磷46毫克，铁0.6毫克，同时还含有硫化丙烯、葱油、苹果酸、无机盐等营养物质。

商品挑选

葱根部肥大，葱白多，上细下粗，形似倒立的鸡腿。

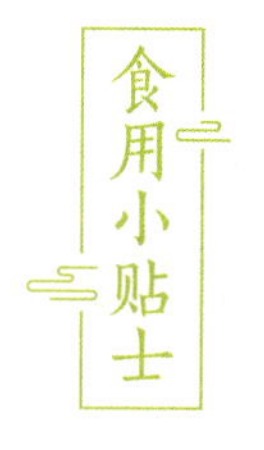

羊肉大葱锅贴、葱爆羊肉味道最美。

山西应县紫皮大蒜

应县紫皮蒜是山西特产，因主产于山西省应县小石口村而得名。其特点是：蒜头扁圆形，纵茎3.5～4厘米，横径4.5～5厘米，蒜皮紫红，包衣紧密，内有蒜瓣4～8个，一般5～6个。蒜瓣致密脆嫩，极辛辣，味浓郁，如将其捣成蒜泥，隔夜不变味，品质上等。不仅闻名全国，而且远销日本、东南亚。

应县种蒜历史悠久，明代纂修的县志就有记载。《中国实业志》记载，1946年全县种植面积为110亩，总产大蒜220担，其产地仅限于小石口等几个村庄。1948年后，应县东南乡一带大面积推广引种，产区发展到大石口、小石村、鲍堡、丁堡、丰寨、北路口、观口前、护驾岗、南上寨等村庄。改革开放以后，由于生产责任制的实行，农民有了自主权，紫皮大蒜生产发展迅速。21世纪初，有十多个乡（镇）近30多个村庄大面积种植，栽培面积发展到1000余亩，年产大蒜500多万公斤。

“应县紫皮蒜，马车轧不烂”

应县紫皮蒜外皮松而内瓣紧实。如果把紫皮蒜放在大马车轮胎下轧过去，会看到一种奇怪现象：蒜头在轮胎刚碰着的时候，由于外皮松而内瓣衣紧，只听“啪”的一声，便分成数瓣向两侧飞射出去，绝不像一般蒜被轧碎。紫皮蒜品质优良，每到秋季上市，人们便争相购买，或编成大挂吊在屋檐头，或携带他乡赠送亲友。

当地谚语说：“应县紫皮蒜，马车轧不烂”，就是形容它品质优良。

紫皮蒜“金不换”

应县小石口紫皮蒜蒜瓣肥大、味道辛辣、易于保存，是烹饪美食必不可少的调味品。紫皮蒜做的蒜泥和一般蒜做的蒜泥不同，一般蒜泥隔夜变色变味，而应县紫皮蒜泥却可以放两三天，色味如初不变。

应县人食用紫皮蒜很广泛，烹调鱼肉，加蒜除腥，生拌冷盘，蒜泥调

味，酱油米醋，加蒜防腐；把它加工制成甜、酸、咸、香等各种风味的蒜渍，可增美味、提食欲。

由于紫皮蒜中大蒜素含量较高，它还具有很高的药用价值，在治疗各种炎症、预防感冒方面都有很好的疗效。当年八国联军攻占了北京城，慈禧太后慌乱出逃西走，途径应县南山脚下，患了痢疾。御医用当地老百姓的用蒜治痢疾的良方，很快便治好了慈禧的病。

紫皮蒜可调味又可作药，当地民谣有："经久色不变，香味四处散，调味又作药，堪称'金不换'。"

商品挑选

蒜皮紫红，头肥瓣大，包衣紧密，辛辣味浓。

将大蒜去皮捣碎成泥状，就成了蒜泥。应县紫皮蒜做的蒜泥和一般蒜的蒜泥不同，一般蒜泥隔夜变色变味，而应县紫皮蒜泥却可以放两三天，色味如初不变。蒜泥白肉味道绝佳。

山东金乡大蒜

金乡县位于山东省西南部，隶属孔孟之乡的济宁市，地处风光秀丽的微山湖畔，南与苏、豫、皖接壤，西与菏泽相邻。西汉时，因在金乡县内高平山为汉武帝之子昌邑王凿墓时，挖出金子（或者是铁）而定名为金乡县。

金乡大蒜有2000多年的种植历史，早在东汉初年，就有种植大蒜的记载。经过长期的培育发展，加上本地独特的水土气候条件，以及农业院校、科研机构的大蒜研究专家、学者的联合攻关，使金乡大蒜的品级大大提高，形成了金乡大蒜这个享誉国内外的特色产品。享有世界大蒜看中国、中国大蒜看金乡的美誉。

六个之最

（1）种植面积最大——金乡是全国种植大蒜面积最大的县。

（2）单产、总产量全国最高——由于当地自然条件优越，并采用科学方法种植，金乡大蒜平均亩产达1200公斤，最高可达3000多公斤。年总产量近百万吨。

（3）单个蒜头全国最大——一般直径6厘米以上的甲级蒜占70%，产于化雨乡东刘村的一头大蒜直径达18厘米，重700克，是目前中国最大的蒜头。

（4）出口合格率全国最高——出口率达90%。

（5）出口量全国最高——金乡大蒜出口占全国大蒜出口总量的比重始终处于首位。

（6）药用价值全国最高——金乡大蒜中含有防癌和抑制肿瘤作用的二烯丙基、硫化物等药用成分。据调查，金乡县癌症发病率明显低于全国水平，而人均寿命比全国平均寿命高5岁。

抗“非典”立战功

金乡大蒜具有蒜头个大、汁鲜味浓、辣味纯正、香脆可口、不散瓣、抗霉变、抗腐烂、耐贮藏等优点。金乡大蒜营养价值极高，据科研部门测定，金乡大蒜含人体所需的蛋白质、烟酸、脂肪、镁、磷、铁、钾等营养元素20多种，被专家称为最好的天然抗生素食品和保健食品，其药用价值已引起国家有关科研部门的关注。

金乡大蒜含有防癌和抑制肿瘤作用的二烯丙基、硫化物等药用成分。2003年5月，首都北京暴发“非典”。为支持北京需要，金乡紧急调拨40吨优质金乡大蒜无偿赠送给处在抗击非典最前沿的北京小汤山医院。

古老的传说

相传，金乡大蒜还为东汉开国皇帝刘秀的称帝立下过汗马功劳。

东汉建武元年（公元25年），刘秀率军西征，路经爰戚（现为金乡县），适逢疫病流行，许多士兵高烧、头晕、呕吐、昏迷，司隶校尉鲁恭病亡，葬于山南。军队人心惶惶，战斗力大减，刘秀只得驻兵治疗。随军医生束手无策，听任疫情在军中迅速蔓延。刘秀愁肠百结，坐卧不安，仰天长叹：“天灭我也！”正置危难之际，忽闻一鹤发童颜老者来献医方。真是喜从天降，刘秀急忙召见。礼让毕，刘秀急不可待地说：“请仙翁赐方！”老者笑而答道：“将军不闻本地百姓多种大蒜吗？可高价收取，把它捣碎，取其液，命士兵用以滴鼻，可防此病蔓延；同时将大蒜分与士兵就食，不几日即可痊愈。”刘秀立即遵嘱办理，果然病除。再循老者，不知去向。刘

秀对天长揖："天助我也！"遂发兵攻取洛阳。

商品挑选

蒜表皮洁白，蒜头个大、紧实不散瓣，无狗牙瓣；大蒜辣味纯正、香脆可口。

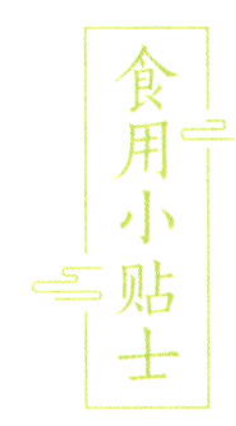

大蒜素在生大蒜中含量较高，大蒜素会随着温度的升高而分解，所以在吃大蒜时，爆炒和油炸会破坏大蒜中绝大部分的大蒜素，从而造成营养流失。将大蒜碾碎，暴露在空气中放置十分钟，有助于合成大蒜素 ，所以吃大蒜时，最好将它碾碎再吃。

山东莱芜生姜

山东莱芜生姜有两千多年的种植历史，以前曾是朝廷的贡品。据《莱芜县志》记载，清朝光绪甲午年间（1894年），莱芜生姜已作为主要农作物征税。主要产地在『汶河两岸』，故有『汶水两岸飘姜香』的美传。

莱芜生姜又称黄姜，以其姜块肥大、皮薄丝少、辣浓味美、色泽鲜润而著称。莱芜生姜富含多种维生素，既是美味品，又是保健品，其营养成分在同类产品中居全国首位。在历届中国农业博览会上，莱芜生姜被评为名牌产品。

中国生姜之乡

莱芜生姜根茎姜球数较少，姜球肥大，其上节稀而少，多呈单层排列，生长旺盛时，亦呈双层或多层排列。莱芜生姜根茎外形美观，刚收获的鲜姜黄皮、黄肉，经贮藏后呈灰土黄色，辛香味浓，辣味较片姜略淡，纤维少，商品质量好，产量高，一般单株重约800克，重者可达1500克以上。

莱芜生姜最早是在莱芜市莱城区高庄镇东汶南村和西汶南村种植，后发展到莱城区大王镇，该地为沙壤土，土质肥沃，利用汶河水浇灌，所产生姜个大、皮白、纤维少、无丝。该镇有："生姜大王，大王生姜"的美称，被称为"中国生姜之乡"。

富含姜油酮、姜油酚

莱芜生姜富含姜油酮、姜油酚、维生素、胡萝卜素、硫胺素等多种成分。与外地姜相比，其营养成分在同类产品中居全国首位。姜的辛辣味道主要来自姜油酮、姜油酚，挥发性姜油酮和姜油酚具有活血、祛寒、除湿、发汗等功效，还有健胃止呕、驱腥臭、消水肿之成果。故医家和民谚称"家备小姜，小病不慌"，另有"冬吃萝卜夏吃姜，不劳大夫开药方"的说法。

维生素、胡萝卜素、硫胺素是人类健康不可缺少的物质，莱芜生姜既是美味品，又是保健品。

黄姜的故事

莱芜生姜又称黄姜，当地流传着一个黄姜的故事。传说很久以前，天宫神医吕纯阳曾装扮成游方道士到人间采药，一天，他路过一村庄，见路边一老婆婆手捂肚子翻滚呻吟，即从葫芦里倒出3粒药丹给老婆婆服下。不料，老婆婆服药后不但不见效，反而病情更加恶化，吕纯阳急得满头大汗，束手无策。这时，一姜姓老翁赤脚闻声而至，伸手摸摸老婆婆的额头，又搭搭脉说："是风寒攻心，我取点药马上就来。"说罢拿起锄头到屋后挖起一株绿叶小草，将其根部黄色块状的物体切片加水，煮开后放上红糖，让老婆婆喝下。老婆婆喝下后顿时周身汗出，腹痛消失。老婆婆称赞说："姜老头，你真行，药比天上的吕仙翁还灵！"吕纯阳折服了，把自己葫芦里的药倒了个精光，发誓再不来人间显示他的医术。人们为感谢姜老头，即把黄姜叫老姜。

商品挑选

姜体个大、皮光洁无损伤、纤维少、无丝为佳品。

很多人都知道"冬吃萝卜夏吃姜"的保健民谚，但是很少人知道其中原因。专家介绍，因为夏天天气炎热，不少人喜欢吹空调、吃冷饮，所以很容易导致胃中虚冷，进而出现腹泻等症状。而中医认为生姜既可以升阳助阳，又具有温中祛寒的功效，夏季适量吃生姜能够顺应夏季阳气的升发，温胃散寒，符合《黄帝内经》所讲的"春夏养阳"的理论。

江西兴国九山生姜

兴国九山生姜是江西名特蔬菜之一，是兴国县留龙九山村古老农家品种。兴国九山生姜根茎肥大，姜球呈双行排列，皮浅黄色，肉黄白色，嫩芽淡紫红色，粗壮无筋，纤维少，肉质肥嫩，辛辣味中等，品质优质，耐贮耐运，故有『甜香辛辣九山姜，赛过远近十八乡，嫩如冬笋甜似藕，一家炒菜满村香』的美传。它可以治疗胃腹冷痛、虚寒吐泻、饮食不振、消化不良、风寒感冒、咳嗽头痛等症状。以九山姜为原料加工制作的五味姜、甘姜、白糖姜片、脱水姜片、香辣姜粉等食品，同样脍炙人口。

边陲山区，环境佳良

兴国县地处罗霄山脉以东、武夷山脉以西的雩山山区，纬度偏低，因而具有典型的亚热带季风湿润气候。位于兴（国）于（都）交界处的坳丘圩属边陲山区，气候温和，雨量充沛，光照充足，四季分明，无霜期长。年平均气温为18.8℃，年平均降雨量为1515.6毫米，年平均无霜期284天。正是这样的自然气候条件和肥沃的土壤，孕育了驰名中外的九山“姜王”。

代代相传，历久不衰

兴国九山生姜驰名古今，据《新唐书》中《元和郡县志》记载，九山生姜被唐朝列为虔州贡品。赣州在唐朝称虔州，九山属虔州府。由此推断，坳丘圩种植生姜的历史至少可以追溯到唐朝。

《元和郡县志》记载，当时虔州向朝廷的贡品主要是宁都的纻布（苎麻布）和九山的甘姜。唐宪宗李纯元和年间（806—820年）到现在已经有1200多年历史，从开始种植到选为贡品还需要一段漫长时间。据九山村所在的社富乡人口源流调查，九山村的现住民最长的族姓自外地迁入到现在只有22代，550年左右。社富乡最早迁入的族姓也只有900年左右。也就是说，生活在这块土地上的百姓换了一茬又一茬，而这里的生姜产业却始终传承，历经千年而不衰。这不仅在九山、兴国，哪怕在全国也不多见。

姜王大赛

唐宪宗时期《元和郡县志》中早有明确记载，早些年，九山坳丘圩还有“姜王”大赛的习俗，每年收姜的季节，全村选取产量最高、个体最大的一兜姜作为“姜王”，像状元游街般鼓乐喧天，绕村一周，然后全村人分而食之。可见，种姜已成为九山村一种历史悠久的农事习俗。

坳丘圩有四五十户人家，种姜面积达600亩，每逢盛夏，山坡上，沟坎旁，片片葱翠的姜叶，碧绿的禾苗，摇曳多姿，交相辉映。收姜时节，南来北往的客商，大大小小的车辆，一堆堆黄灿灿的生姜，一张张绽开的笑脸，使一个偏僻的小山村顿时变得像熙熙攘攘的繁华街市。

商品挑选

根茎肥大，姜球呈双行排列，皮浅黄色，肉黄白色，嫩芽淡紫红色，粗壮无筋，纤维少，肉质肥嫩，辛辣味中等。

糖姜片的做法：将姜洗净，去皮，切成薄薄的姜片，按5：1的量加白糖，将糖与姜片揉匀，烘烤至姜片干透为止，罐装存放。偶有风寒或胃痛者，取而食之，入口病除，经济实惠。

山东寿光独根红韭菜

山东寿光栽培韭菜的历史悠久，早在1500多年前的《齐民要术》中就有记载。清代《寿光县志》中更有『诸菜中唯韭为绝品』『寒腊冰雪，便已登盘，甘脆鲜碧，远压粱肉』的记载。正是这种远胜肉食的品质，寿光韭菜在当时成为向朝廷进贡的上品。

在长期的生产实践中，寿光农民根据当地的气候特点、栽培习惯等，经过多年选育形成了独特的地方品种，称为马蔺韭。数代寿光人对马蔺韭不断提纯复壮，从中选出了性状不同的品系，其中品质最优的当属独根红韭菜。

“农产品地理标志”产品

2013年，独根红韭菜被评为“农产品地理标志”产品，其地域保护范围为寿光县境内，包括侯镇、洛城、圣城、文家4个镇及街道的219个村。在保护区内建有品种资源圃，种着纯正的独根红韭菜，用于资源保护。

寿光独根红韭菜品质独特，普通韭菜一般株高约40厘米，单株重30 ~ 40克，而寿光独根红韭菜植株高大、直立，通常株高在50厘米以上，单株重达50克左右。韭菜叶片宽且肥厚，叶色为浓绿色。在零下9摄氏度低温冻僵后，仍能恢复生长。

四色韭

独根红韭菜还有一个别名，“四色韭”。节令不同、温度不同、栽培方式不同，使之呈现白、绿、红、黄4种颜色。每年可产韭青、韭薹、韭黄三种产品。它们形态不同，口味也不同。

韭青就是我们平时说的韭菜，初始叶鞘根部为白色，叶片为绿色，其后叶鞘根部转为红色。春节前，独根红韭上市，叶似翡翠，茎如白玉，1千克能卖到60元。

韭黄也称“韭芽”，为韭菜经软化栽培变黄的产品。韭菜隔绝光线，完全在黑暗中生长，因无阳光供给，不能进行光合作用，无法合成叶绿素，就会变成黄色，称为“韭黄”。用独根红生产韭黄，亩产韭黄可达上万斤。

韭薹又名韭菜花薹、韭菜薹，北方多称为香葶。用独根红生产韭薹，其花薹长而粗，形似蒜薹，富含多种维生素，纤维含量少，品质鲜嫩，风味甚佳。在寿光，开花后的韭薹，割下来丈量，有的竟然长达1.4米，长度为世界之最。

“天下第一韭”

独根红韭菜在明朝时期已很有名气。《寿光县志》记载：清乾隆年间，乾隆帝沿大运河南下微服私访，久闻先祖康熙年代记述的寿光韭菜“寒腊冰雪便已登盘，甘脆鲜碧，远压梁肉”，便想到此看个究竟。翌日，乾隆皇帝来到寿光城西文家、马店附近，但见韭菜风障阳畦成方连片，甚是壮观，并发出由衷赞叹：“果然名不虚传，真乃奇迹也！”随从大臣们也感到非常惊讶。当地乡民为乾隆皇帝一行精心烹制了农家传统名吃“韭菜宴”，共九九八十一道菜，菜菜不离韭，寓意乾隆天下长盛久安。临行时，乾隆皇帝欣然亲书“天下第一韭”牌匾赠予寿光人民。为此，随从大臣们商量并禀乾隆皇帝同意，将寿光“独根红”韭菜列为御膳贡品。

“中国韭菜第一乡”

寿光市文家街道生产韭菜久负盛名，种植面积达3万亩，近2万人专业

从事韭菜生产，产值接近2亿元，被称为“中国韭菜第一乡”。文家街道在北马店村潍高路南侧的一片土地上，建了200亩有机韭菜生产基地，在这个基地里，按照国内最高标准定位生产规程：示范园内每100米安装一个幼虫捕杀装置；用生物制剂和植物制剂代替农药喷施；全部采用40目超密度防虫网；采用经过有机认证的有机肥；对砷、铬、铅等重金属进行吸附提取；把豆粕肥改为豆饼肥。2009年，“独根红”韭菜成功通过农业部专家评审，成为寿光市首批获得地理标志认证的蔬菜产品，文家韭菜也被国家工商总局正式批准使用“文家坡”商标。现在品牌效应已经显现，经过精包装后，先锋营村的韭菜畅销国内，也进入了国际市场。

商品挑选

假茎粗壮，地上部分为红色；叶片宽且肥厚，叶色为浓绿色；鲜嫩，无干尖。

将韭菜洗净，稍微沥干水分，切碎，倒入打散的蛋液中，加少量盐，搅拌。用平底锅慢慢煎至两面金黄，香嫩可口的韭菜鸡蛋饼就做好了。

陕西汉中冬韭

汉中冬韭栽培历史悠久，原产于陕南汉中市汉江边过街楼村一带，经过长期自然选择和当地菜农的精心培育，现在汉中地区各县市已普遍种植汉中冬韭。汉中冬韭既是陕西地方名产，又是菜中珍蔬。它青绿多汁，叶宽鲜嫩，色艳味正，辛辣浓香，营养丰富，品质优良。食之能生津开胃，帮助消化，增进食欲，活血益气，滋肾黑发而著称。它在全省韭菜品种资源中名列前茅。也是我国著名的良种韭菜品种之一，已列入《中国蔬菜良种志》，闻名省内外。

天地之灵气，万物之精华

汉中，北依秦岭，南屏巴山，地处汉水上游，以水得名。秦巴拱卫的汉中盆地，是一个十分古老的地方。横亘于北的秦岭，是我国南北两大气候带的天然分界线，汉中属于北亚热带湿润季风气候区，具有冬无严寒、夏无酷暑、温暖湿润、四季分明的特征。其雨量充沛，土质肥沃，沙性透水，临近汉江，排灌方便，适宜韭菜的生长发育。汉中冬韭营养丰富，其中胡萝卜素的含量仅次于胡萝卜，是大葱的2倍、芹菜的27倍，还含有芳香挥发性精油和硫化物等成分，这是汉中冬韭具有特殊香味和杀菌功效的缘由。

窝子韭和沟韭

汉中冬韭植株比一般韭菜高。叶丛半直立，叶宽而肥厚，叶鞘粗壮，白嫩如玉，纤维少，品质好；抗寒性强，耐霜冻，冬季叶鞘桩硬而直立。在-5℃时，叶芽还可缓慢生长。春季萌发早，生长快，如果用保护栽培和软化栽培，可整年生产青韭、白头韭、韭黄，均衡上市供应。汉中冬韭其品种为窝子韭和沟韭两类，前者为平畦栽培，后者为垄沟行植。根据栽培季节与栽培目的的不同，又分白韭芽、青韭、白头韭、韭黄、黄韭芽5种。白韭芽培土较浅，上部为绿色，下部软化为白色，多早春上市；青韭为晚春上市；白头韭10月上市；韭黄及黄韭芽冬季上市。

汉中三宝之一

汉中属于亚热带气候区，北有秦岭屏障，寒流不易侵入，气候温和湿润，年均气温14℃。由于汉中气候温暖湿润，加之汉中冬韭抗寒性强，耐霜冻，故汉中冬韭在汉中可以越冬。民谚有："汉中有三宝，白鹅大，冬韭香，麻鸭肉蛋味道长。"

"冬韭香"指的是冬季生长的汉中冬韭，其叶宽、叶厚，白杆长而粗，叶面光泽青绿，水分充足，外表看起来十分吸引人。叶一掐即断没有丝，吃起来嫩脆，香味浓。用冬季生长的汉中冬韭包水饺，比春韭更香，且辣中带甜，别有一番风味。

商品挑选

叶长50厘米左右，叶鞘白色，叶为浓绿色；叶身扁平略呈三棱形，叶宽一般0.5 ~ 0.8厘米，叶肉部分肥厚；鲜嫩少纤维。

食用小贴士

冬韭营养丰富，胡萝卜素含量较高，辛辣味较淡，纤维较少，深受消费者欢迎。可炒食，尤以做馅味道最美。

马家沟芹菜

马家沟芹菜是山东省著名地方特产之一，中国国家地理标志产品，原产于青岛平度市李园街道办事处马家沟及周边村庄。马家沟芹菜叶茎嫩黄、梗直空心、棵大鲜嫩、清香酥脆、营养丰富，品质上乘，含有丰富的钙、铁、胡萝卜素、维生素B1、维生素B2、维生素A、维生素C等多种人体必需元素。马家沟芹菜富含膳食纤维，且含有芹菜油，具有独特的芳香气味，可开胃促进食欲，在医学上还清热止咳、健胃、降压、排毒养颜等多种保健功能。

优良农家品种

马家沟芹菜是中国芹菜中具有浓郁地方特色的优良农家品种。据史料记载，明朝正德年间，村民贾士忠由山西省洪洞县迁到山东平度城西南关居住。为谋生计，他四处寻找适宜种植芹菜的地方。一日，他来到马家沟，见此处是呈现微碱性的沃土，沟渠较多，常年有水，而且水质纯净，是种植芹菜的理想之地，于是在此处安家种植芹菜。后经几代人的试验种植，选出以叶茎嫩黄、梗直空心、棵大鲜嫩、清香酥脆的马家沟芹菜。

独特的生产方式

马家沟芹菜选用传统优良农家品种，采用密植栽培，亩栽芹菜22000 ~ 28000株。霜降后收获，收获后进行半地下式遮光窖藏，温度控制在-2℃ ~ 0℃，湿度保持在97% ~ 99%，贮藏15天以上上市。上市前去除外部叶柄，保留内部叶柄，视为一级品，称为“玻璃脆”；仅保留心叶的产品被视为优级品，称为“水晶心”。

降肝火祛头风

1896年（清朝光绪二十二年），平度县尹患头风，数名医治疗无效，束手无策。有人献民间土方：采平度西关双丰桥下野芹菜数棵，选其嫩梗去叶炒食，可降肝火祛头风。县尹食之，头风顿失。县尹大喜，随命双丰桥下游的农民种芹菜，赖以生存。芹菜：中空，味甘辛，微凉，久食能降

肝火，清胃热，通便利肠。

许世友的传说

1945年8月，胶东军区司令员许世友、政委林浩住在蟠桃区朱家井村（今属李园街道）指挥解放平度城战斗。有一天晚饭炊事员做了一盘马家沟芹菜，清脆益齿，鲜嫩可口，许世友司令随即叫来了房东，询问这芹菜的来历与特点。房东做了简单介绍：平度多处产芹菜，不过味道最好的要数东马家沟村芹菜，不仅嫩脆可口，还清热解毒。许世友司令听了点点头，接着转向林浩政委幽默地说："这次吃了马家沟芹菜解个'大毒'。"12天后，他率军攻克了平度城，活抓了伪治安司令王铁相、伪十二师师长张松山等要员，歼敌6000余人。

商品挑选

叶绿茎黄，空心无筋，鲜嫩酥脆，味道鲜美；具有"农产品地理标志产品"防伪标识。

马家沟芹菜吃到口中嫩脆无筋，不塞牙齿，味美香嫩，烹饪适当，色香味俱全，是不可多得的菜中佳品。在医学上有止咳健胃、降压排毒、养颜保健等功效。

鲍家芹菜

山东省章丘市辛寨乡鲍家村有几百年种植芹菜的历史。章丘当地种植芹菜的特别多，而只有鲍家村的芹菜芹香浓郁、青翠碧绿、入口微甜，是其他芹菜所无法相比的。在集市上，老百姓只认鲍家村种植的芹菜。

从“大青秸”到“鲍芹”

鲍家芹菜的历史悠久。据《章丘地名志》和刘、万二姓《族谱》记载：“元代，鲍姓在此建村，以姓氏命名。”距今已有一千多年的历史。清朝咸丰五年（1855年），黄河决口，入山东，夺大清河入海，小清河也遭淤塞，支流泄洪更为困难；鲍家村在此河段上，该河段水大、土沃，适宜种植芹菜。后来，鲍家村逐渐大面积种植芹菜。鲍家村先民在几百年中培育出了实心芹菜“大青秸”。有消费者亲切地将“大青秸”称为鲍芹，渐渐地，鲍家村村民和各界人士都认可了这个既响亮又动听的名字——“鲍芹”。

章丘三宝之一

鲍家芹菜和章丘大葱、明水贡米被誉为章丘三宝。鲍家芹菜名扬四海，因为章丘市辛寨乡鲍家村地处黄河冲积平原，海拔25米，地势平坦，土质肥沃，平均气温为12.8℃，四季分明，无霜期为185 ~ 209天，常年降雨量为570 ~ 630毫米，多集中在夏季。这里的土质属白沙混合黏土，富含锌、铜、铁、锰、碘、钙、镁、钠等矿物质。鲍家村是传统的农业大村，没有矿业、机械加工、化工等污染型企业，鲍家村的水质和空气没有遭到破坏。人为因素、气候、雨量、湿度、土质等都为鲍家芹菜提供了良好的生长环境。

特别是近年以来，加大了科技投入，按照有机食品生产要求，全部施有机肥，采用高频振频杀虫灯和黏虫板杀灭害虫，让芹菜自然生长，鲍家

芹菜成为阳光下的绿色食品。鲍家芹菜的产品为盒装，主要有菜、芯、芽三大种类，销往省城及全国各大城市，供不应求。

商品挑选

鲍家芹菜植株高大，色泽翠绿，茎柄充实肥嫩，入口香脆微甘，嚼后无丝无渣，芹芯可生食，芹香浓郁，爽口生津，回味无穷。

食用小贴士

鲍家芹菜适用于多种烹饪，更有“鲍芹没有鲍鱼价贵，鲍鱼不如鲍芹味美”的美誉，为芹菜中的佼佼者。

溧阳白芹

溧阳隶属于江苏常州市，地处长江三角洲。溧阳人栽培芹菜的历史悠久，早在南宋时期，唐家、钱家村一带就开始栽培。目前，重点产地有溧城镇的钱家村、唐家村和清安桥，社渚、城南、蒋店、杨庄、马垫、新昌等地，总面积近4000亩。

溧阳白芹产量高，供应期长，为冬春市场供应的重要蔬菜品种。近销到沪宁一带以及安徽的郎溪广德地区，远销至深圳、广州、香港、澳门等地。春节期间需求量大，溧阳水芹经南京空运到香港。

白色的水芹菜

溧阳白芹品质优良，人们以它白嫩的叶柄、叶为食，既可荤炒，又可素拌，其中拌芹菜和炒芹菜因色、香、味、形俱全，是冬春之际餐桌上受欢迎的时鲜菜，被誉为江南美食佳肴中的一绝。溧阳白芹的叶、叶柄中富含多种维生素和无机盐，其中以钙、磷、铁的含量较高，具有一定的药用价值，具有清洁血液、降低血压的功效。

水土得当

溧阳白芹的独特风味是由当地得天独厚的环境条件所决定的，溧阳地处中亚热带与北亚热带的过渡地带，该地带河港纵横交错，湖荡星罗棋布，热量充裕，雨水充沛，土壤多为黄棕壤和青泥土，保水、保肥、透气性好，含有丰富的有机物，有机物一般可达2.1% ~ 2.8%，最适于溧阳白芹的生长。

取土壅根软化栽培

每年九月，菜农在土质松软的低洼田里用农家肥铺底后，挖垄理沟，

将芹菜种芽一排排种下。每天浇水，待新芽冒出土3寸左右，再施农家肥或是豆饼。芹菜长到1尺左右，就开始培土壅根，芹菜的顶叶始终只留下一两寸露在外面。每隔几天，菜农就从芹菜垄两边的水沟里一锹一锹地取土壅根。芹菜长高一点，芹菜行之间的土层就再加高一点。菜农像服侍亲人一样，服侍着这一垄垄的芹菜。

白嫩显示着溧阳白芹的娇贵，在白芹的生长过程中，取土壅根至关重要。当芹菜在泥土中见不到阳光时，茎鞘全部变白，这就是不见光的软化作用。

冬日“起芹菜”

寒冬腊月，快过年了，正是白芹上市的时候。冬日的下午，男人在地里“起芹菜”，“起芹菜”绝对是个苦活——站在冰凉刺骨的水沟里，弯着腰用钉耙扒开壅土，一行一行地将芹菜连根“起”出来。起出一把，就顺手在水沟里漂洗去烂泥，用几根浸过水的稻草将芹菜扎成捆。男人们将一捆捆芹菜挑到塘边，交给女人们仔细择净、漂洗。弯着腰在家门口的池塘边“择芹菜”，更是个苦活。掐掉根须，剔去老叶，择掉枯黄的顶叶，在冰凉刺骨的水里，用冻得像胡萝卜似的双手，仔仔细细把择好的芹菜洗干净，再整整齐齐码放在秧篮担里沥水。第二天天不亮，男人把这一担顶着鹅黄色嫩芽、洁白光亮、晶莹如玉的白芹，挑到城里的菜市场上，收获他们大半年的辛劳成果。

商品挑选

溧阳白芹，有别于其他地方的水芹和旱芹，其叶柄白、小叶浅绿；叶柄基部粗壮、质脆嫩、叶清香。

溧阳白芹既可荤炒，又可素拌。拌芹菜和炒芹菜因色、香、味俱全，是冬春之际餐桌上脍炙人口的时鲜菜，被誉为江南美食佳肴中的一绝。

南京八卦洲芦蒿

芦蒿又名蒌蒿、水蒿、香艾等，菊科，蒿属，多年生草本植物。八卦洲芦蒿是江苏省南京市栖霞区八卦洲的特产，有『中国芦蒿之乡』的美誉。八卦洲镇位于南京市主城区北部长江中，南与燕子矶，北与六合区隔江相望，因形似草鞋，曾得名草鞋洲。清代后期因与另一七里洲合并，渐成为八卦状，故得名八卦洲。

八卦洲四面环江，洲上没有污染企业，气候条件非常适合芦蒿等野菜的生长。现有芦蒿种植面积已达3.5万亩，年产量达5000多万公斤，销往全国50多个大中城市。近年来，人们开始追求绿色食品，野菜消费成为时尚。在市场的驱动下，八卦洲芦蒿得到了不断的发展，芦蒿年产值达2亿多元，芦蒿已成为八卦洲的富民产业和安民产业。

《红楼梦》中的芦蒿

在我国古典文学名著中，有大量描写蔬菜的章节段落。《红楼梦》第六十一回“投鼠忌器宝玉瞒赃，判冤决狱平儿行权”中有：“……前儿小燕来，说‘晴雯姐姐要吃芦蒿’，你怎么忙的还问肉炒鸡炒？小燕说‘荤的因不好才另叫你炒个面筋的，少搁油才好。’”芦蒿现被列入南京“野八珍”之中，仅芦蒿在南京市郊八卦洲就有上万亩的种植面积。文中所说的做法，也十分考究、地道。时至今日，面筋炒芦蒿也是讲究的食客正宗的吃法。从曹雪芹所写的芦蒿及烹炒方法中，可猜想到这位文学巨匠头脑中构思的贾府应在金陵，即今日的南京，因为曹氏所生活的时代，北京断无芦蒿可买。

“芦蒿炒豆腐干”

南京八卦洲盛产芦蒿，南京人喜食芦蒿。在南京有“荤有板鸭，素有芦蒿”之语。每当宴席，均有芦蒿这道菜，素有“无芦蒿不成席”之说。《儒林外史》作者吴敬梓中年迁居南京，熟知南京人的饮食生活。在《儒林

外史》第22回中有对“芦蒿炒豆腐干”的描写。

芦蒿炒豆腐干主料为芦蒿和豆腐干。将芦蒿鲜嫩茎秆去叶、撕去茎秆外皮，在淡盐水中浸泡半小时，取出沥干切成寸段；豆腐干片成薄片，切成与芦蒿同样粗细的寸段；锅内放入少许油，油热后，下葱花爆香，放改好刀的芦蒿、豆腐干翻炒，放盐，翻炒一分钟即可装盘。

八卦洲芦蒿的药用功效

自古以来，芦蒿都是江淮地区民众在荒年、青黄不接之季的度命之物，宋代诗人苏东坡即有“蒌蒿满地芦芽短，正是河豚欲上时”的名句，食芦蒿之习古已有之。随着人民生活水平的不断提高，越来越多的人已充分认识到八卦洲芦蒿的药用功效。李时珍《本草纲目》草部第十五卷记载：“芦蒿气味甘无毒，主治五脏邪气、风寒湿痹，补中益气……久服耳聪目明、不老。”

经研究，八卦洲已开发出“芦蒿茶”。中国蒿茶是集食用与药用于一身的养生保健佳品，素有“江淮一宝”之称。芦篙，中医称之茵陈。农谚有“三月茵陈四月蒿，五月六月当柴烧”之说。芦蒿茶是以香芦尖为原料、采用当代科技手段、针对现代人生理机能精心研制的产品。芦蒿茶的原材料，只在每年清明节前后人工采集于天然无公害滩涂，尤显其珍稀。

商品挑选

鲜嫩，咀嚼时有清香，无渣滓。

食用小贴士

芦蒿自古以来就是一种著名的野蔬，是老南京人喜食的野菜，现被列为“野八珍”。清炒芦蒿、芦蒿炒香干被列为上等佳肴，脆嫩爽口。清香袭人的芦蒿是南京人舌尖上的时令味道。

焦作「铁棍山药」

铁棍山药是河南焦作的著名特产之一，已有三千年种植历史，曾为历代皇室的贡品，以焦作温县地区黄河沿岸一带所产的为最佳，属于四大怀药（怀山药、怀地黄、怀牛膝、怀菊花）的怀山药中的极品。

铁棍山药在国内外享有很高的知名度，曾在1914年巴拿马万国博览会上展出，遂蜚声中外，历年来出口英、美等十多个国家和地区，现已被焦作市申请为国家原产地保护产品。

怀庆府与“怀药”

焦作，夏时称“覃怀”，后称“怀州”，元称“怀孟路”，明清为“怀庆府”。

我国最早的药物学经典《神农本草经》，把“覃怀地”（怀川）所产的山药（薯蓣）、地黄、牛膝、菊花都列为上品。之后历代医药名家由表入里、进一步发现了四大怀药的优秀原始本性。张仲景的《伤寒论》、陶弘景的《名医别录》、孙思邈的《备急千金要方》、苏颂的《图经本草》、龚廷贤的《寿世保元》、李时珍的《本草纲目》、张锡纯的《医学衷中参西录》，以及叶天士、董建华、王永炎、姜良铎等近现代、当代中医名家，都对怀药做出了极为精到的评价，每每言及怀药的神奇效用与效力，言必褒誉有加。

神农氏尝百草

相传上古时代，炎帝神农氏身患重病，为医治疾病，他带领官员、妻室家眷，跋山涉水，广走民间。在一个秋高气爽的季节，神农氏一行来到怀川时，当看到绿叶如盖、花团锦簇的美好景色和秀丽奇绝的灵山（今之神农山）风光时，大发感叹：“真乃神仙福地，药山矣！”遂在此辨五谷尝百草，登坛祭天，终得四样草根花蕊和水服之，不日痊愈。又令山、地、

牛、菊四官护值，因人而得名“山药、地黄、牛膝、菊花”。这也就是后人所传“四大怀药”的最早起源。

山川钟秀，人杰地灵

焦作北依太行，南临黄河，形成独特的“牛角川”地势。这里气候温和，冬不过冷，夏不过热；雨量丰沛，干湿相宜。千百万年来，太行山特殊的岩溶水，携带丰富的微量元素渗入地下，与焦作地下水贯通相连，形成了独特的水质。土壤、气候、水质、空气多种因素的综合作用，形成了焦作得天独厚的自然条件，铁棍山药在这里生长，经过数千年种内遗传变异，逐渐形成了独有品质。长期实验证明，铁棍山药在多地区试种，其品质会发生变异，无法与温县铁棍山药相比较。曾有日本专家将当地的土壤、水样、种子运回日本，分析、研究、调配土壤进行试种，结果以失败告终。所以，只有使用怀庆府铁棍山药种子，并在怀庆府种植生长的铁棍山药，才是正宗的铁棍山药。

药食兼用，营养丰富

铁棍山药既是一味珍贵的中药材，被历代医家所推崇，称赞为长寿因子，又是美蔬佳肴。铁棍山药中含皂苷、黏液质、胆碱、山药碱、淀粉、糖蛋白、自由氨基酸、多酚氧化酶、维生素C，还有铁、铜、锌、锰、钙等多种微量元素。《本草纲目》说它有补中益气、强筋健脾等滋补功效。干制入药为滋补强壮剂，对糖尿病等有辅助疗效。

作为食物蔬菜，它细腻滑爽，别具风味。

DHEA——青春因子

铁棍山药中含丰富的DHEA，是人体生命活动中非常重要的一种活动物质，是环戊烷多氢菲的一种衍生物，医学界称为“青春因子”。环戊烷多氢菲是人体内肾上腺皮质激素和性激素（雌、雄激素）的基本结构。DHEA的主要保健功效是抗衰老、增强免疫功能和改善性功能。其保健作用的机理是可根据身体的需要转化为雄性激素或雌性激素，补充由于衰老和疾病造成的激素失调，从而使人保持旺盛的精力，增强抵御疾病的能力，加速受损组织的修复，并能预防和减缓恶性肿瘤、糖尿病、动脉硬化、心脏病、肥胖、老年痴呆症等。

商品挑选

铁棍山药呈圆柱形，长60 ~ 80厘米，最长可达100厘米以上，直径2.5厘米左右，表皮土褐色、密布细毛、有紫红色不光泽斑。肉极细腻，白里透黄，质坚粉足，黏液质少，久煮不散，味香、微甜、口感好，久食不烦腻。

一人一天量保持在3 ~ 4两左右，多食容易上火。

陕西华州山药

华州山药是陕西华县特产品种，其栽培历史悠久。华州在今陕西省华县。

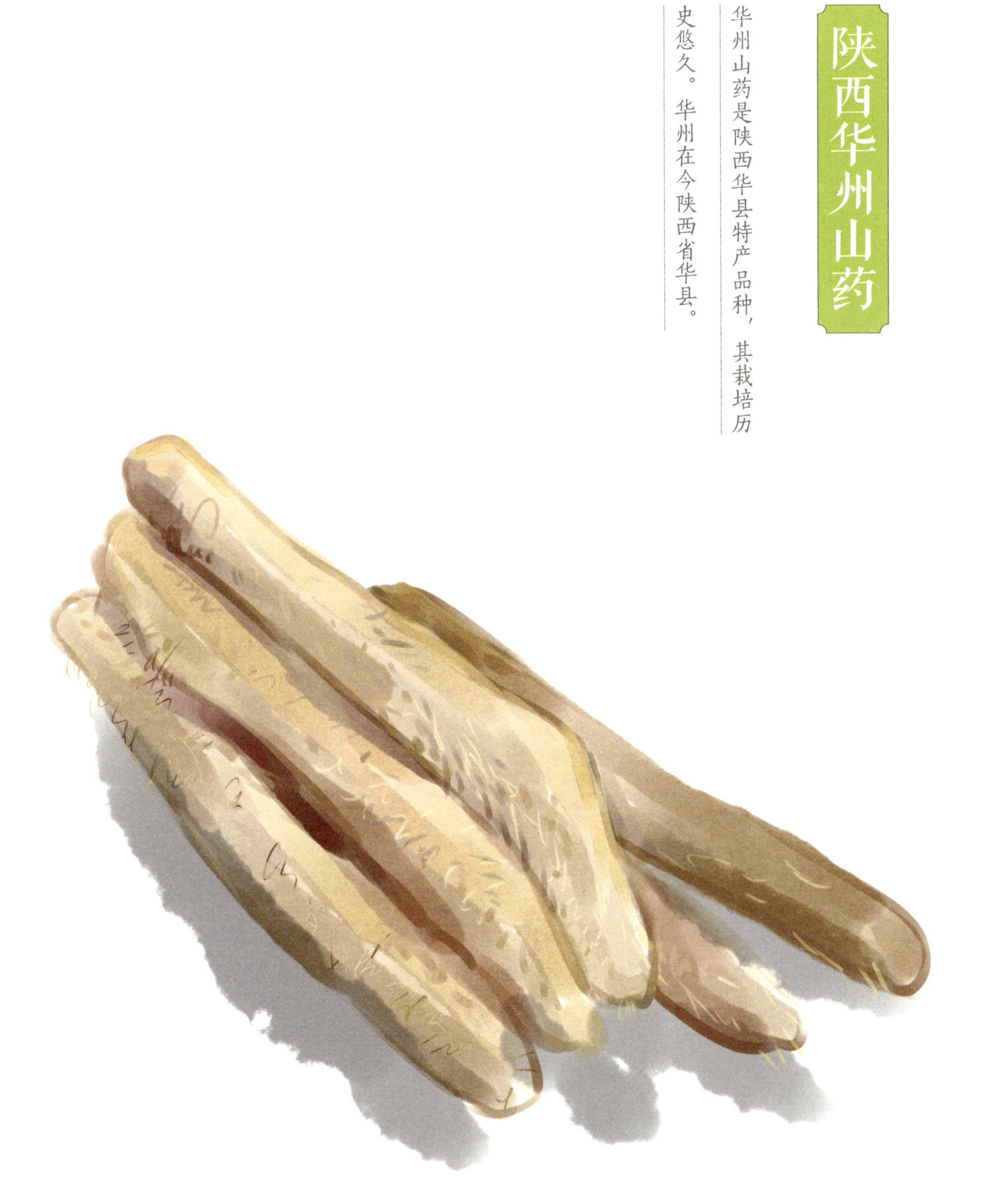

河滩沙土地栽培

华县位于关中东部、渭河下游，南跨秦岭山脉的华山山地，北居渭河之南的丰腴平原。渭河下游河滩地沙土细疏，为山药生长提供了环境。早春，华州、柳枝、下庙、赤水一带农民将菜地开挖出一道道3尺深沟，撒上农家肥或油渣豆饼，摆栽有胚芽的山药龙头，填土夯实，大水漫灌，等待发芽扯蔓；夏季搭架，浇水除草；秋后即可采挖。如今，华县菜农采用先进的现代化打沟机打沟，推行无公害栽培，科学施肥，精细管理，产量品质不断提升，截至目前华县优质山药种植已发展到5000亩。

药食兼用品种

华州山药具有茎身粗、条长、皮薄、质细、味道浓郁等特点。《古华州志》载："华州山药，士大夫多作馈赠品。"据测试，华州山药含有蛋白质、多糖、皂苷黏液质、尿囊素、胆碱、淀粉酶等，能治疗多种疾病。经常食用山药，能让人耳目聪明、延年益寿。

道家养生佳蔬

华山是中国道教最早的发源地之一，道教文化是华山文化的核心。华山道教有深厚的宗教文化积淀，它不仅集中体现了道家的信仰，也孕育着传统的民族精神。华山全真派道教建构了华山的整体人文精神。

道家对饮食有科学的见地，认为山药可益寿延龄，将其称为"神仙之食"。有"山药、薏米、芡实粥"流传至今。山药、薏米、芡实是同气相求的兄弟，都有健脾益胃之功效，但食用时各有侧重。山药可补五脏，脾、肺、肾兼顾，益气养阴，又兼具涩敛之功。薏米健脾而清肺，利水而益胃，补中有清，以祛湿浊见长。芡实健脾补肾、止泻止遗，具有收敛固脱之能。后有人将山药熬粥再加入大枣，以治疗贫血之症，疗效显著。

商品挑选

茎壮条顺，粗约5厘米，长约七八十厘米；毛稀皮薄，色褐里白，质细致密，味道甘甜。

山药做成甜味菜有蜜汁山药、拔丝山药，吃了可养气安神、润肺补肾；做成咸味菜的如红烧山药、蹄花山药、山药烧牛肉，食用能滋阴祛邪，健骨强筋；熬成山药粥、羹，可理气和中、养颜抗衰老，且绵软爽滑，老少皆宜。

奉化芋艿头

『跑过三关六码头，吃过奉化芋艿头』是宁波谚语，意为见多识广。奉化芋艿头是奉化的传统名特优农产品，已有700多年的栽培历史。奉化芋艿头是红芋艿头的一种，主要分布于萧王庙、溪口、大桥、西坞等乡镇，全市种植面积达到2.5万亩，总产量6万吨。其品质特性主要表现为个大、皮薄、肉粉无筋、糯滑可口，享有『罗汉圣果』之美誉。奉化被称为『中国芋艿头之乡』。

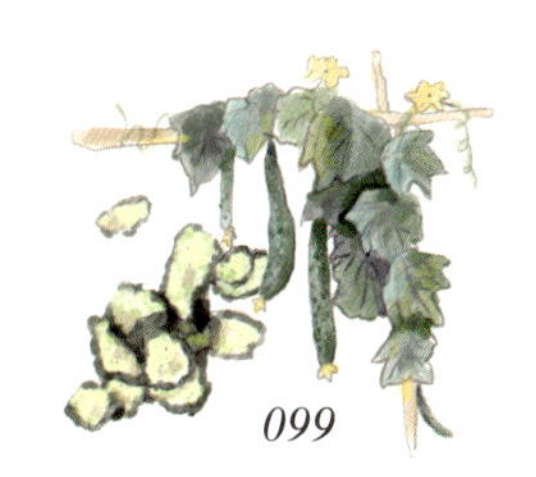

“岷紫”“通天子”

据1773年修编的《奉化县志》记载，宋代时奉化地区已广植芋艿，当时它还有一个雅名，叫作“岷紫”，民间称为“通天子”。芋艿叶柄粗大、其叶如伞，此名或许是它传入之初的另一个俗名，可能是言其植株高大。

芋艿原为热带沼泽植物，在我国古代栽种不广。但在印度却广泛栽种食用，后来印度芋艿流入日本，又顺海路走进中国的东南沿海地区。现在宁波奉化出产的“芋艿头”品种是在明朝中叶引进的，经奉化芋农悉心改良培育而成，算来也有数百年的历史。奉化芋艿头为大芋种，是国内三大名优芋种之一，名扬海内外，深受各地百姓喜爱。

河网纵横，土地肥沃

浙江的奉化，是蒋氏父子的故乡，坐落于浙东的四明山区，山清水秀，风光旖旎，河网纵横，土地肥沃，属宁奉平原。河流属山溪型，剡江、县江和东江都源于西南山区，循山而下，流归东北部，至方桥镇同入奉化江，为潮汐所吞纳。奉化众多的沙壤土和剡江两边的冲积土透水性好又保水性强，其适宜的土质条件和地下水位解决了芋艿在生长过程中“既怕水，又怕旱”的矛盾。

温湿的气候能促进芋艿的生长，秋季较大的昼夜温差，有利于母芋的膨大和养分的积累，因而使奉化芋艿头成为奉化的传统特产。

营养丰富，药食兼用

奉化芋艿头不但食味佳，而且是一种营养丰富的无公害保健食品。富含蛋白质、钙、磷、铁、钾、镁、钠、胡萝卜素、烟酸、维生素C、B族维生素、皂角甙等多种成分。其丰富的营养价值能提高人体免疫力。芋艿头含有的黏液蛋白可提高机体的抵抗力。芋艿头为碱性食品，能中和体内积存的酸性物质，调整人体的酸碱平衡，具有美容养颜、乌黑头发的作用，还可用来防治胃酸过多症。芋艿头含有丰富的黏液皂素及多种微量元素，可帮助机体纠正微量元素缺乏导致的生理异常，同时能增进食欲、帮助消化。

蒋家宴中的芋艿头

1927年12月1日，上海豪华的大华饭店布满鲜花、高朋满座，一场显赫的婚礼在此举行，新郎是蒋介石，新娘是宋美龄，1300多名宾客应邀参加。

为了筹备婚宴，在奉化溪口镇土生土长的蒋介石命丰镐房管家急送一批宁波菜原料至沪，有奉化萧王庙的芋艿头、剡溪的大白鹅、溪口的笋、远近闻名的奉蚶等。由于上海大厨师不知该怎么做出地道的“奉化味”，于是又把丰镐房的厨工请到上海帮忙，“蒋氏家宴”由此得名，这桌独具宁波风味的婚宴大获来宾赞赏。

奉化乡土菜最重用料考究，选料好菜肴才地道。做芋艿羹的原料就只用奉化萧王庙镇前葛村的芋艿头，因为前葛村的土质中有黄泥层，长出来

的芋艿头品质最好。别的芋艿头黑黑的，前葛村的芋艿头顶部粉红，没有一丝杂丝，特别软糯，芋艿头太大太小都不行，1千克左右重量的最好。

制作奉化芋艿盅有很多种做法，简单一些的用肉末、油渣炖，最考究的使用“敲骨浆”，这样做一盅芋艿羹要花大半天时间。制作敲骨浆要用上大块的猪筒子骨，先把骨头敲碎，然后用高压锅炖，先用大火烧开，然后用小火慢炖，至少要炖4～5小时，让骨髓里的精华都析出为止，然后把炖出的渣滤掉，剩下的汤汁和豆瓣酱搅拌后，和奉化芋艿头一起烧，这样做出来的芋艿羹味道特别香浓。

商品挑选

正宗奉化芋艿头顶部粉红，没有一点杂丝；重量以1千克左右最好。

食用小贴士

芋艿头具有多种吃法，且各具风味，可烘蒸、生烤、热炒、白切、浇汤、煮冻。若烘蒸，其香扑鼻，粉似魁栗；若煮汤烧羹，又滑似银耳，糯如汤圆。

同是一个芋艿头，在烹制过程中的酥熟度是不同的，其越靠根部就越酥得慢，而越靠头部就越易烧酥；如果分批投放，则有利于同时熟酥，不会出现浑汤的现象，既美观又美味。

荔浦芋

最好吃的芋头当数荔浦芋，荔浦县在桂林之南，离桂林市区 106 公里。荔浦芋肉质细腻，具有特殊的风味。同时个头大，芋肉白色、肉质松软。剖开芋头可见芋肉布满细小红筋，类似槟榔花纹，所以又被称为槟榔芋。荔浦芋自古是广西的首选贡品，在岁末进贡朝廷。2008 年为北京奥运会指定专用芋头。

“槟榔芋”与“榔芋”

荔浦芋属天南星科，又叫魁芋、槟榔芋，是经过野生芋长期的自然选择和人工选育而形成的一个优良品种。荔浦芋在荔浦县进行人工栽培已有400年的历史，据记载，当年系福建人将芋头带入荔浦县，首先栽于县城城西关帝庙一带，并向周边辐射种植，在荔浦县特殊的地理和自然条件下，受环境小气候的影响，逐渐成为地方名特优产品，品质远胜其他地方所产芋头。据民国三年《荔浦志》记载：“旧志云：有大至十余斤者，今实无。但以城外关帝庙前所出者为佳。剖之，现槟榔纹，谓之槟榔芋。其纹棕色致密，粉松而不粘，气香。”又云：“他处有移种者，仅形似耳，无纹，谓之榔芋。”

荔浦芋与南芋、水芋的区别

荔浦芋与南芋、水芋有明显的区别。荔浦芋呈椭圆形，像过去妇女们用来织布的纺锤，每个重量多数一两斤，有的甚至达五六斤，芋皮粗糙呈棕色，芋肉上的槟榔花纹明显，香味很浓。南芋则体形较长，近似圆筒形，多数在一斤以下，也有两三斤重的，表皮虽也呈棕色，但较光滑，皮上节间距离较长，芋肉无明显的槟榔花纹，香味较淡。至于水芋，则头大尾小，多是几两重的小芋，表皮黑棕色，芋肉根本没有槟榔花纹，也没有香味。

宰相刘罗锅与荔浦芋

热门连续剧《宰相刘罗锅》讲到荔浦芋，刘墉在广西当巡抚时，广西每年须进贡“荔浦芋”给皇帝享用，芋头沉重兼路途遥远，浪费人力物力。于是，刘罗锅以貌似芋头、质粗、味劣的山薯给乾隆食用，乾隆吃了果然倒尽胃口，马上免掉荔浦芋的进贡。但刘罗锅的政敌和珅当然不会放过他，特地去找来了正宗荔浦芋呈献给皇帝，乾隆一吃，马上醒悟自己受到刘罗锅的愚弄，一怒之下，把刘墉贬为五品官，发到浙江去当织政。刘罗锅当官为民，得到百姓热爱，宰相刘罗锅与荔浦芋同样名扬四海。

商品挑选

个头大、紧实、体形匀称、表皮无斑点；切开来肉质细白、质地呈现粉质，肉质香脆可口。

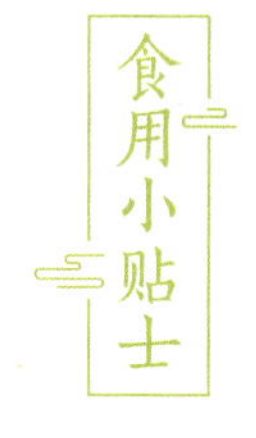

由于荔浦芋淀粉含量高，且具有特殊芳香味，利用荔浦芋的香、酥、粉、黏、甜、可口，可加工成香芋粉和数十种食品。将荔浦芋切成薄片，油炸后夹在猪肉里做成“红烧扣肉”，风味特殊，肉不腻口，是宴会上的一道美肴。

南通香芋

稀有蔬菜『香芋』产于江苏南通一带的通州、海门、启东等地。南通位于江苏东南部，长江三角洲北翼。地处长江下游冲积平原，海洋性气候明显，年平均气温15.1度，全年降水量1040毫米左右。气候温和，四季分明，春秋两季比较短。南通香芋种植历史悠久，自明代起开始种植，又称地栗子、菜用土圞儿。『香芋』与『芋艿』不同，香芋形似马铃薯，果浓香，因马铃薯在上海叫洋山芋或洋芋，香芋因此得名。

香芋——“蔬菜之王”

中国唐朝《酉阳杂俎》中，便有关于香芋的记载。明清时期上海、江苏地区已将香芋视为珍品。海门、启东一带气候、土壤最适宜香芋繁殖生长，成为当地名特优蔬菜。

香芋属豆科土栾儿属中的栽培种，多年生草本植物，做一年生栽培。香芋的食用部分球状块根，外观似小土豆，直径一般为2 ~ 4厘米，表皮黄褐色，其肉似薯类，但味道好似板栗，甘而芳香，食后余味不尽，故名香芋。香芋营养丰富，色，香、味俱佳，曾被人誉为“蔬菜之王”。香芋的食法很多，水煮、粉蒸、油炸、烧烤、炒食、磨碎后炖食等，深受消费者喜爱。

提高人体的免疫力

香芋有散积理气、解毒补脾、清热镇咳的功效。香芋含有较多的粗蛋白、淀粉、聚糖（黏液质）、粗纤维和糖，蛋白质的含量比一般的其他高蛋白植物如大豆之类都要高。据测定，每百克鲜香芋含蛋白质5.15克，为山药的2.1倍。香芋中的多聚糖能提高人体的免疫力，长期食用能解毒、滋补身体。

小老鼠偷香芋

《红楼梦》第十九回“情切切良宵花解语，意绵绵静日玉生香”，大概内容是宝玉和黛玉讲闲话，黛玉要睡觉，宝玉怕她睡出病来，便编出扬

州地方一个聪明伶俐的小耗子变香芋（香玉）的故事哄她："小耗子道：'米豆成仓。果品却只有五样：一是红枣，二是栗子，三是落花生，四是菱角，五是香芋。'老耗子听了大喜，即时拔了一支令箭，问：'谁去偷米？……谁去偷香芋？'只见一个极小极弱的小耗子应道：'我愿去偷香芋……'"

有人质疑是不是作者把芋艿说成了香芋，作者在《红楼梦》第五十回中曾提到过"芋艿"："李纨命人将那蒸的大芋头盛了一盘，又将朱桔、黄橙、橄榄等物盛了两盘，命人带给袭人去。"说明曹雪芹把芋艿和香芋二物是分得很清楚的。

商品挑选

大小均匀、无伤口、无病虫害；表皮黄褐色，肉白色，肉质细腻，味清香。

食用小贴士

去皮后的香芋块茎可以红烧、清煮、煲汤或与荤菜搭配。有豆的清香，久煮不糊，粉而不散，入口清香微甘，食后回味悠长。香芋属豆类，痛风病人应少吃。

太湖莼菜

太湖莼菜是苏州著名特产之一，产于中国太湖沿岸的浅水湖滩和沼泽区。

太湖莼菜又有水菜、水葵等别名，是一种生长在湖泽池沼中的多年生草本植物，每年清明致霜降间可采摘嫩叶供食用，与鲈鱼齐名。太湖莼菜本是野生，至明代万历年间开始人工培植。明代万历之后，太湖莼菜被列为『贡品』。

太湖莼菜的幼叶与嫩茎中含有一种胶状黏液，食用时有一种细柔滑润、清凉可口的感觉，并有一种沁人心脾的清香。用以调羹，香脆滑嫩、口感极好、风味独特。《耕余录》云：“味略如鱼髓蟹脂，而轻清远胜，比亦无得当者，惟花中之兰，果之荔枝，差堪作配。”

“春莼菜”与“秋莼菜”

太湖莼菜从明末清初开始人工栽培，生长繁殖快，每年“清明”前后水底的地下茎开始萌芽生长。在这个时节采摘的莼菜嫩片称为“春莼菜”；“立夏”之后，气温上升，莼菜生长旺盛，每年夏秋，水面布满了一簇簇莼菜，仿佛给碧清如镜的太湖湖面绣上了翠绿的“花边”，美不胜收。到霜降时可大量采摘，称为“秋莼菜”。

清热补血、解毒润肺

莼菜的叶子呈椭圆形、深绿色，背面分泌出一种类似琼脂的黏液，含有丰富的蛋白质、葡萄糖等多种成分，可煮可炒，不仅是风味独特的珍贵蔬菜，而且有清热、润肺、利尿、消肿、解毒、健胃、止泻等功效。

中药大辞典记载，莼菜含有丰富的维生素B2、维生素C、淀粉、蛋白质、葡萄糖、氨基酸等多种营养成分，有清热补血、利尿、解毒润肺、止泻功效，对热痢、黄疸、肿痛、疮疱等也有疗效，且有防癌的作用。

莼鲈之思

《晋书·张翰传》记载："张翰在洛，因见秋风起，乃思吴中苑菜莼羹、鲈鱼脍，曰：'人生贵适忘，何能羁宦数千里以要名爵乎？'遂命驾而归。"因为思乡，怀念家乡的美食，张翰竟然辞官回乡。"莼鲈之思"，也就成了思念故乡的代名词。张翰是个才子，诗书俱佳，写江南的菜花，有"黄花如散金"之句，李白很佩服他，写诗称赞："张翰黄金句，风流五百年"。关于"莼鲈之思"，张翰自己有诗为证："秋分起兮佳景时，吴江水兮鲈正肥，三千里兮家未归，恨难得兮仰天悲。"这是他在洛阳思念家乡时发出的慨叹。

商品挑选

北方很难吃到鲜莼菜，所食莼菜多为食品厂加工成瓶装或罐装产品。太湖莼菜瓶装或罐装产品不仅畅销国内市场，还荣获外贸优质产品称号，远销国外。

食用小贴士

太湖莼菜食用方便，可配荤炒，可素食、可氽汤，也可做馅，是做美味佳肴的上乘之品。"芙蓉莼菜"滑嫩鲜美、清香诱人，是苏式菜肴中的名菜。

江苏宝应贡藕

宝应贡藕又名宝应莲藕，江苏省宝应县特产。产品色泽鲜艳，表皮光滑，体白个大，产量高，品质优秀，明代时为朝廷贡品。用宝应贡藕加工的多种藕菜也非常著名，入选《中华名菜谱》，并被列入国宴『国菜』。

20世纪50年代，八一电影制片厂在这里拍摄了电影《柳堡的故事》，风靡数十年，一曲“九九艳阳天”传唱了中国几代人。1998年，宝应以其优美的自然环境，完整的产业链条和独特的荷藕文化被命名为首批“中国荷藕之乡”。2004年7月，“宝应荷藕”正式成为国家地理标志产品。

“宝应十景”——“西荡荷香”

早在唐朝，荷藕种植就有文字记载。至明代，荷藕已成为宝应大宗生产的土特产品，《万历志》列“宝应十景”中有“西荡荷香”。清代《康熙志》列“宝应十二景”中有“莲叶接天”，植荷盛况可想而知。1933年《江苏全省物品展览会特刊》记载：“宝应植藕85000亩，亩产1500斤，年产藕12750万斤；藕粉2000担，品质纯真，性黏味美，富营养质。”20世纪70年代时，宝应开始“沤改旱”，湖荡减少，但依然留下了“五湖四荡”：宝应湖、白马湖、范光湖、广洋湖、射阳湖、獐狮荡、绿草荡、和平荡、三里荡，共90万亩滩涂水面，其中，荷藕种植面积20万亩。据2010年统计，宝应县常年种植荷藕近20万亩，遍及全县乡镇，商品藕年产量突破30万吨，实现年产值10.6亿元，是江苏乃至全中国著名的荷藕产区。

蒖质土壤

宝应县地处江苏省中部，扬州北端，属里下河腹地，千年古运河穿境而过。境内河湖密布，水资源总量共约为1.6亿立方米，水质达到和超过国家Ⅲ类标准。面积较大的湖荡有宝应湖、白马湖、范光湖、射阳湖等，俗

称“五湖四荡”。

滩地土壤属腐殖沼泽土亚类，沼泽土、芦苇、蒲柴，它们一齐造出了一种千年草根和多年的泥沙交织在一起的土壤——蕻质土壤。蕻质土壤肥沃，草根年复一年生长，泥土松软，荷藕与芦苇蒲柴间植，荷藕生长的空间大，又因为是沼泽土，极适于种植优质莲藕，荷藕长得又白、又大、又脆、又嫩、又甜。鲜藕产量和出口量名列全国之最。

顶尖“红芽”独特品种

宝应贡藕以红莲为主，据历史记载，唐代鉴真大师东渡时，将扬州红莲携带到日本，亲手栽植在奈良唐招提寺，播下了中日友谊的种子。悠久的种植历史使宝应形成了以顶尖“红芽”为特征的三大独特品种，称宝应“美人红”“大紫红”“小暗红”（小雁红）三大红莲为当家品种。“美人红”藕香色白，“大紫红”个大孔宽，“小暗红”粉足生淀。荷藕生长一般于每年4月下旬下藕秧，6～7月为花莲期，始采莲，7月下旬至次年4月上旬为采藕期。不同季节采收的藕品质风味不一，花香藕清甜爽脆，嫩如鸭梨；中秋藕开始有粉，宜制作各类藕菜。

品质优良

每100克可食部分含蛋白质2.3克，脂肪0.1克，碳水化合物18.1克，钙18毫克，磷51毫克，铁4.4毫克，以及维生素B和维生素C。生藕具有消瘀清热、除烦解渴、止血、化痰的功效。藕经过煮熟以后，性由凉变

温，失去了消瘀清热的性能，而变为对脾胃有益，有养胃滋阴、益血、止泻的功效。

美丽的传说

相传在很久以前，宝应的五湖四荡原来是白水一片，只长些芦苇、蒲草。有一回，天宫的玉皇大帝和王母娘娘来到瑶池，拨开云层，遥望人间，只见宝应东荡地区，方圆百里，水天一色，碧波荡漾，好一派湖荡风光。玉皇大帝见状，连声赞道："此乃人间仙境啊。"王母娘娘在一旁附和道："此景虽妙，但有不足，缺少花卉点缀。"玉皇大帝点头称是，便命荷花仙子捧出一把瑶池莲子，播撒湖荡。从此，这里莲叶田田，荷花盛开，粉白嫣红，清香飘溢，宛如天上的瑶池仙境。从那时起，每逢中秋佳节，民间有选用上等"连枝藕"供奉月公和吃藕饼的习俗。

宝应"全藕宴"

早在明清时期，宝应白莲藕粉被列为皇室贡品，素有"鹅毛雪片"之称，而宝应藕菜"蜜饯捶藕"更是满誉江淮。据说当时有一宝应名士十分喜好藕菜，命厨师做各种藕菜来品尝，"全藕宴"也就应运而生了。

宝应"全藕宴"包含凉菜七道、热菜六道、点心两品。

凉菜有：醒目花芯藕、泰汁焗藕、酥香脆藕、八宝糯米藕、串串莲藕香、细沙冰藕、叉烧酱香藕。

热菜有：金莲捶藕、荷藕杂粮狮子头、莲藕素排骨、培根相思藕、藕

乡小炒皇、香煎藕饼。

点心：藕粉饺、莲蓉藕酥。

商品挑选

藕节短、藕身粗，表皮光滑呈黄褐色、肉肥厚而白的为佳品。从藕尖数起第二节藕最好。

藕熟食适用于炒、炖、炸及做菜肴的配料，如“八宝酿藕”“炸藕盒”等。

煮藕时忌用铁器，以免引起食物发黑。没切过的莲藕可在室温中放置一周的时间，但因莲藕容易变黑，切过的部分容易腐烂，所以切过的莲藕要在切口处覆上保鲜膜，冷藏保鲜一个星期左右。

湘潭寸三莲

湘潭寸三莲是湖南莲子农家品种，至今已有三千年的种植历史，在历史上被称为『贡莲』。寸三莲又称『湘莲』，经过数十代人的努力，它已成为湘潭市的支柱产业，生产面积5万多亩，年产湘莲约6000吨，主要分布在湘潭县花石镇、中路铺等地。产品粒大饱满，洁白圆润，质地细腻，清香鲜甜，具有降血压、健脾胃、安神固清、润肺清心之功。湘潭寸三莲远销北京、上海、广州、香港及欧美。湘潭市的『莲城』美誉也因此名声远扬。

湘莲映渚

3000多年前战国楚大夫屈原，被流放在湖南沅湘之间时，写下的诗词中有大量关于莲的描写，如《招魂》：“芙蓉始发，杂芰荷些。”《湘君》：“筑室兮水中，葺之兮荷盖。”由此可知，当时湘莲已引人注目，而且莲的影响已渗入湖南民间习俗中。

“湘莲”一词，在目前所见的书中，最早见于南朝江淹《莲华赋》：“著缥菱兮出波，揽湘莲兮映渚。迎佳人兮北燕，送上宫兮南楚。”赋中不仅用了“湘莲”一词，而且提到了南楚，这正是古时湖南地域的称谓。可见“湘莲”在南北朝时已久负盛名，而此时尚未见到别的以地名称呼的莲种的记载，可见“湘莲”之名早冠于其他莲种。

三粒“湘莲”整一寸

湘莲之中最优者为湘潭莲子。湘潭莲子不仅栽培历史悠久，而且产量高、质量优良、驰名中外、饮誉古今，尤以“寸三莲 ”名声最著。据传，战国时湘潭白石铺产的莲子就进贡朝廷，汉、唐、宋、明、清各代都把它纳为贡品。清光绪《湘潭县志》记载：“莲有红、白二种，官买者入贡。”“土贡有莲实，产县西杨塘。既而求者众，土人种者，珍以自用。贡馈者买之衡阳清泉，署曰‘湘莲’。”直至清代宣宗（道光）年间，才“圣德恭俭，悉罢四方土贡，湘莲贡亦罢。”西杨塘即如今的白石铺，所产之莲为有名的“寸三莲”。去壳后三粒连起来一寸长，故名“寸三莲”。

“湘莲甲天下，潭莲冠湖湘”

中国有四大莲子：湖南的湘莲、湖北的湖莲、江西的赣莲、福建的建莲。1985年中国科学院武汉植物研究所对四大莲子的营养成分进行了对比测试，湘潭的寸三莲含有的氨基酸、蛋白质等17项主要指标全部优于其他莲子，被誉为“中国第一莲”。

湘潭独特的土壤和气候养育了湘潭的寸三莲。寸三莲营养丰富，每隔三年，其他地区的莲农都要到湘潭来购买种藕，可即便如此，因为湘潭独特的气候和土壤环境，别处种的这种藕即使外表和寸三莲相似，其营养成分还是不及寸三莲。于是寸三莲有了“湘莲甲天下，潭莲冠湖湘”的美誉。

红花莲子白花藕

中国荷花品种有三大类，即藕用莲、子用莲和观赏莲。历来有“红花莲子白花藕”之说，意为开红花的莲结的莲子好，开白花的莲结的莲藕好。湘莲为红花子莲，花爪红色，花瓣尖端为红色，基部为白色，花开后颜色逐渐变淡。单株开花数20 ~ 32朵，有效莲蓬数每公顷60000 ~ 80000个，单个莲蓬子数为15 ~ 23粒，莲子是黑褐色，呈卵圆形，千粒重1280克。从定植至采收莲籽大约为110天，采收期为30 ~ 40天。莲籽质细、味香、色白，品质佳。

冠压群芳

在全省种莲面积大大增加，产量、质量迅猛提高的情况下，湘潭莲子

始终占优先地位。1982年9月，国家商品检验局对湘莲进行了严格的测定，结论是：湘潭湘莲中含粗蛋白18.7%、粗脂肪1.91%、总糖55.8%、还原糖6.43%，是低脂肪、高蛋白优质品种。1985年武汉市商检局把湘潭的“寸三莲”和福建的建白莲、江西的赣白莲、湖北的湖莲进行了一次营养成分对比测验。在10项指标中，湘莲在糖分、淀粉、蛋白质、脂肪、磷、钙、粗纤维7项主要指标上优于其他品种，从而使湘莲的优质品地位更加令人信服。1987年在北京全国首届食品博览会上，湘潭“寸三莲”荣获一等奖。

商品挑选

湘莲颗粒饱满均匀，呈短椭圆形。莲子种皮呈棕红色，有细纹；莲肉乳白色。莲子去壳后，三粒莲子的长度大于一寸，煮食易烂，清香味美。

可用莲子煲汤、煲糖水、煲粥或者泡茶。煲汤、煲糖水、煲粥的莲子应去除莲心，莲心可用于泡茶。

福建建宁通心白莲

建宁通心白莲又称建莲，是福建省建宁县的传统名产。建宁县有『中国白莲之乡』的美称。建莲属睡莲科多年生水生草本植物，是金铙山红花莲与白花莲的天然杂交种，是建宁世代莲农人工栽培、精心选育保存下来的优良品种，历史上建莲被誉为『莲中极品』。建莲外观粒大饱满，圆润洁白，色如凝脂。2006年9月，国家质检总局批准对建莲实施地理标志产品保护。

建宁西门莲

建宁的种莲历史悠久，远在五代时期就有相关记载。五代梁龙德初（公元921年），金铙山报国寺前已有白莲池（为建宁八景之一）。清代，建宁白莲已名闻遐迩，尤以产于西门外池的“西门莲”为莲之上品，自古属朝廷贡莲。故建宁通心白莲又有“建宁西门莲”之称。据民国《建宁县志》记载：“西门外池，一百口，种莲。池旁遍植桃李，春夏花时，游人络绎不绝。莲子岁产约千斤，为吾国第一。”又载：“邑种莲多处，以西门莲为最上品，水南次之，水东又次之。然较他邑产者，均有天渊之判。”

好山、好水、好环境

建莲品质卓越，源于得天独厚的自然环境。《建宁县志》云：“建宁秀山丽水，玉润流馨，季泉道道，十里蒸菖，极为旖旎。”尤以西门莲的水土条件为优越。建宁地处武夷山脉中段，全境西北低、东南高，形成向西北倾斜的高海拔“锅底”，日夜温差大，利于莲子结实；县境内地质矿带多含稀土元素、钾长石等，利于莲子进行光合作用、积累养分；且建宁森林茂密，地下水位高，泉水水质清洁，故建莲品质优良。

传统加工工艺

精心栽培、适时采取、精细加工，也是建莲质地优良的重要因素。建莲绝大多数在水田栽培，也有利用池塘栽种，均以采收莲子为主要目的。每年春分后栽种藕苗，七月下旬莲子成熟，七至九月分批采收加工，到秋分采收结束，共可采17次。采摘莲子要在晴天清晨太阳未照射之前，采收的莲子要当天加工，先去掉莲蓬，破开莲壳，剥去莲膜，用竹签捅去莲心，接着用专用的烤笼加炭火焙烤，这几道工序，要在很短时间内完成。莲农说："做莲子如绣花，手上功夫大"。稍有疏忽就会减损色泽的洁白，加工好的莲子则用有内套的纺织或铁皮箱盛好，不与有异味的食品一起存贮，以保持其味道清香。

营养丰富、药食兼用

建宁通心白莲百粒重125g左右。建宁通心白莲富含蛋白质、维生素、胡萝卜素和碳水化合物等营养物质，同时还含有比较丰富的钙、磷、铁等人体必需的元素。福建省农业科学院中心实验室检测，建莲富含17种氨基酸，其微量元素比一般莲子高出2～3倍。在1987年科学出版社出版的《中国莲》一书中，将建宁红花建莲列为优质子莲。

建莲用途广泛，浑身是宝，具有补脾、养心益肾功效，是极好的养心安神滋补品。此外，莲叶、莲梗也是清暑解热的常用中药，莲花、莲房、莲心、莲须均可入药。

《红楼梦》中的"建莲"

清代文学家、美食家曹雪芹在《红楼梦》第十回"金寡妇贪利权受辱张太医论病细穷源"中，张太医给病入膏肓的秦可卿所开的药方"益气养荣补脾和肝汤"中有"引用建莲子七粒去心"。第五十二回"俏平儿情掩虾

须镯 勇晴雯病补雀金裘”中，写有：“宝玉点头，即时换了衣裳，小丫头便用小茶盘捧了一盖碗建莲红枣儿汤来，宝玉喝了两口。麝月又捧过一小碟法制紫姜来，宝玉噙了一块。”文中所指的“建莲”，就是建宁西门产的贡莲。如今，建莲已从御膳珍馐变为国宴佳肴，1984年美国总统里根访问中国，国宴上的一道甜点就是“冰糖建莲”。

商品挑选

建莲外观粒大饱满，呈长圆形或卵圆形。莲子表面有天然的皱皮，孔心较小，颜色为自然的乳白色。

食用小贴士

建莲具有久煮不散、汤汁清甜、香醇爽口、营养丰富的特点，放入装有开水的保温瓶中，半小时就熟。

青浦练塘茭白

练塘是上海青浦区的一个水乡古镇，青浦练塘茭白是『农产品地理标志』保护产品。其栽培历史悠久，至今已有近千年的历史。《青浦县志》中也有相关记载，清末民初就有『练塘茭白』的说法了。而自20世纪50年代练塘地区开始大规模种植茭白后，练塘茭白的名声越来越响。

练塘茭白具有“鲜、甜、嫩”的特点，入口香糯，味道清甜，具有丰富的营养，纤维素含量较高，有清理肠胃之功效。因此练塘的茭白被列为沪郊一宝，而练塘具有“华东茭白第一镇”之称。

“水中人参”

练塘地区属亚热带季风性气候，气候温和，日照充足，四季分明，无霜期245天，雨天约120天，年均降水量在1000毫米以上。练塘地区淀、泖、低地、湖荡群集，河流纵横，水泊遍地。练塘茭白种植范围均处于黄浦江上游水源保护地范围内，干净优良的水质确保了练塘茭白优良的品质。

练塘属长江三角洲冲积而成的湖沼平原，土质肥沃，特别是土壤中极为丰富的有机质和铁、锌等微量元素，使练塘茭白除了其他茭白所具有的营养价值，还富含氨基酸、脂肪、糖，因此味道鲜美、营养价值高，是蔬菜中的佳品，俗称“水中人参”。

标准化、品牌化生产

练塘茭白的提纯复壮和种苗繁育水平在国内堪称第一，并率先建立了茭白田间合理的群体结构；构筑了30亩实验基地、300亩原种基地、1000亩品牌基地、3000亩核心基地，以及17500亩国家级标准化示范基地的产业基础，以此推动全镇的茭白标准化、品牌化生产；冷库设施总吨位达4000多吨，完成了镇域6个茭白交易市场的布局。这些，为练塘茭白逐步向整个华东地区覆盖打下了扎实的营销物流基础。

茭白之约——练塘茭白节

为推动茭白生产，弘扬农耕文化，练塘古镇自2009年至今已举办了7届练塘茭白节，以“茭白之约”，唱经济大戏。历届茭白节汇聚了来自江、浙、沪三地和练塘当地的美食，以及农户的名特优农副产品，通过“茭白主题馆”，展现现代农村通过现代科学技术等手段培育出的优质农副产品。

2015年的茭白节期间恰逢端午小长假，主办方将当地的茭白文化与端午民俗相结合，举办了旱龙舟和包粽子大赛，以及“风味练塘”茭白烹饪厨艺大赛。民间手工艺人在现场用茭白叶进行手工编织，制作成精美的工艺品，让人眼前一亮。

商品挑选

以嫩茎肥大、多肉、新鲜柔嫩、肉色洁白、坚实粗壮、带甜味者为最好。茭白黑心是品质粗老的表现，不堪食用。

食用小贴士

茭白适用于炒、烧等烹调方法，或做配料和馅儿，如“酱烧茭白”“茭笋片”“茭白烧卖”等。

茭白不宜与豆腐同食。茭白里含有很多草酸，豆腐里含有较多氯化镁、硫酸钙，两者若同时进入人体，会生成不溶性的草酸钙，不但会造成钙质流失，还可能沉积成结石。

苏州娄葑慈姑

慈姑是苏州特产『水八仙』之一，明代医学家李时珍说『慈姑，一根岁产十二子，如慈姑之乳诸子，故以名之。』就是说在慈姑每株的根部都会生长出十二个果实来，就像一位年轻的妈妈慈爱地哺育着自己众多的孩子。

慈姑（茨菰、茈菰）果实分为白皮、黄皮两种，北方多以白皮慈姑为主，南方则以苏州为代表的黄皮慈姑较多。苏州娄葑镇一带种植慈姑历史悠久，种植的慈姑主打黄皮品种，历代称为“苏州黄”。“苏州黄”慈姑呈圆形、皮黄色、果大、肉白、质地香糯、无苦味、品质优，属于江苏省著名高产优质慈姑品种。

海洋性亲水环境

“苏州黄”慈姑之所以有名气，是与娄葑优越的地理环境分不开的。娄葑属亚热带季风海洋性气候，四季分明，年平均温度为15.8℃（最高35℃，最低-3℃），无霜期长达230天左右。娄葑镇湖泊众多，水网密布，金鸡湖、独墅湖等水体造就了娄葑独一无二的亲水环境，河塘内黑泥深达70厘米左右，富含有机质。因此，“苏州黄”慈姑个大如拳，亩产700公斤左右，深受百姓喜爱。

文人笔下的慈姑

宋代学者苏颂曾任江宁知县，熟知苏州娄葑慈姑，对娄葑慈姑有如下描写：“剪刀草，生江湖及汴洛近水河沟沙碛中。叶如剪刀形，茎干似秋蒲，又似三棱。苗甚软，其色深青绿。每丛十余茎，内抽出一、两茎，上分枝，开小白花，四瓣，蕊深黄色。根大者如杏，小者如栗，色自而莹滑。五、六、七月采叶，正、二月采根，即慈姑也。煮熟，味甘甜。时人以作果子。福州别有一种小异，三月开花，四时采根，功亦相似。”

宋朝杨东山对慈姑有诗道："折来趁得未晨光，清露晞风带月凉，长叶剪刀廉不割，小花茉莉淡无香。稀疏略糁瑶台雪，升降常涵翠管浆。恰恨山中穷到骨，茨菰也遣入诗囊。"

"嫌贫爱富"的慈姑

慈姑富有营养，富含蛋白质、脂肪、糖类、无机盐、维生素B、维生素C、胆碱、甜菜碱等。慈姑常作蔬菜食用，口感细腻、绵实，味道似山药，常常用来烧肉、炒肉片、炒咸菜，剥去裙衣后剁烂做成慈姑丸。

慈姑是菜肴中的百搭，它不搞亲疏，荤素均可入伍，可用来煎、炸、炒、烩、煲汤等，名目繁多。在家庭中，慈姑往往与肉搭配一起烧，慈姑烧肉既让肉不那么油腻，也让慈姑沾上了肉味。所以在苏州，慈姑有"嫌贫爱富"的说法。苏州人一般用慈姑切块与肉红烧。

观音助力

慈姑食用部分为匍匐茎先端膨大的球茎，慈姑产果数有一定规律，常年一般一株慈姑产果12个，闰年就会得产13个。此现象在古籍《尔雅翼》中也有记载："茈菰种水中，一茎收十二实，岁月闰，则十三实。"

此规律还有一段神话传说：一日，观音菩萨去东海为龙王祝寿，路过苏州上空，时值天寒地冻，看到农夫在田里挖慈姑很辛苦，挖上来的慈姑果实上有一道道的箍，果实量少且体形很小。观音菩萨动了慈悲之心，就把慈姑果实上一道道的箍撕除，使其身体肥胖起来，从此苏州慈

姑个头硕大。

商品挑选

皮黄色、果大、肉白、质地香糯、无苦味为佳品。

食用小贴士

慈姑可烹饪出“大蒜炒慈姑片”“慈姑炒肉片”“慈姑炒鸡丁”“慈姑菌菇老鸭煲”等多种美味可口的菜肴。煮熟后的慈姑，剥皮后蘸糖当闲食点心，吃起来另有一番滋味。

桂林马蹄

马蹄又名荸荠，生长在水田里。广西各地均产马蹄，但以桂林的马蹄最为有名。

桂林马蹄主要产于桂林市荔浦、临桂、阳朔、全州、灵川、兴安等县，市区卫家渡、王家村、东山和窑头出产的马蹄最著名。全市年产马蹄2000～3000吨。桂林马蹄自古就享有盛誉，其种植历史已有170年，清朝时期被当作贡品奉献给皇帝享用。

得天独厚的生长环境

马蹄属多年生草本水生植物，喜生于池沼中或栽培在水田里。它的繁殖采用球茎（亦称果球）进行无性繁殖。桂林属亚热带气候，气候温和，雨量充沛，年平均降雨量为1900毫米，全年无霜期300天左右，年平均日照1550小时以上，平均温度19℃，冬无严寒，夏无酷暑。

荔浦、临桂等主要产地能满足马蹄喜温、爱湿、怕冻的生长要求，马蹄适宜生长在耕层松软、底土坚实的土壤中。在栽培上，应保证有20～25厘米的耕作层，这样既利于球茎的生长发育，又不致使球茎深钻，促使个体发育大小均匀、整齐一致。

驰名中外的产品

桂林马蹄颗粒大、皮薄、肉厚、色鲜、味甜、清脆、渣少，较大的每个重35克左右。桂林马蹄早已驰名中外，是桂林传统出口产品。马蹄通常当水果生食或煮食，具有消食、清热、健胃、化痰、解渴、消黄疸之效。也可制成马蹄粉、糖水马蹄等。桂林出产的马蹄粉洁白细滑，与贵县藕粉、龙州槟榔粉和平乐百合粉合称为广西四大甜品特产。

鲁迅的赞誉

1935年6月，当时在广西省立师范专科学校任教务长的陈此生先生，写信邀请鲁迅先生赴桂林任教。鲁迅先生因离开讲坛多年，体力日见衰退，便

去信解释，并婉言加以推辞。鲁迅先生在信中，除了对陈先生的盛情邀请表示感谢，还高度评价了桂林的名产——马蹄（荸荠）。复信原文如下：

此生先生：

惠书顷已由书店转到，蒙诸位不弃，叫我赴桂林教书，可游名区，又得厚币，不胜感荷。但我不登讲坛，已历七年，其间一味悠悠忽忽，学问毫无增加，体力却日见衰退。倘再误人子弟，纵令听讲者曲与原谅，自己则不胜汗颜，所以对于原来厚意，只能诚恳致谢了。

桂林荸荠，亦早闻雷名，惜无福身临其境，一尝佳味，不得已，也只好以上海小马蹄（此地称马蹄如此）代之耳。

专此布复，并请

教安

名心印（六月十七日）

信中，特别提到桂林马蹄，可见鲁迅先生是一个喜好马蹄之人。比之上海小马蹄，鲁迅先生为不能亲自来桂一尝闻名遐迩的桂林马蹄而感到遗憾。

商品挑选

桂林马蹄形状扁圆，外皮棕红鲜亮，肉质雪白细滑，清甜无渣，爽脆可口。

食用小贴士

马蹄是人们爱吃的美味水果，也能作为各种菜肴的配料，如炒猪肝、炒肉片、炒鸡、炒鸭，放点马蹄，别有风味。淮扬菜“狮子头”中必有马蹄。

广东乐昌马蹄

广东乐昌素有『马蹄之乡』的美称。马蹄是乐昌较大宗的土特产之一，总种植面积达一万多亩，产量也超过一万多吨。以乐城和北乡为主要产区，廊田、河南、长来、九峰等乡镇也有种植。其品质最优者为乐城田洞150亩产区出产的马蹄，总产量约240吨。

乐昌马蹄以个大肉嫩、清甜多汁、爽脆无渣为特点而闻名。每年的冬末春初是马蹄上市的季节。乐昌马蹄产品成行成市，形成长达1公里多的“马蹄街”，众多的外地商贩纷至沓来，把马蹄街围得水泄不通。乐昌马蹄除少量在本地区销售外，大部分销往外地，享有盛誉。

西坑山泉水，肥沃黑土泥

乐昌马蹄的主产区北乡镇，有着得天独厚的地理和气候条件。乐昌的秋冬季节，日照光线强，昼夜温差大，极有利于马蹄生长；北乡镇三面环山，北乡河源于西坑山泉水，灌溉出的马蹄特别甘甜；北乡垌是一片盆地，水田上面有一层15～20厘米的灰黑色肥沃的泥土，下面是黄沙土层，而马蹄恰恰最适宜在两层泥土间的夹层结果；因此北乡镇的马蹄个大、肉嫩、爽甜、少渣。北乡镇还是韶关市优质高产马蹄种植示范区，马蹄已成为该镇农民的主要经济来源之一。

“地下雪梨”之美誉

马蹄具有清热解毒、生津止渴、润肺化痰、明目退翳的效果。而乐昌马蹄更是“家族”中的代表，它皮红肉白、个头比一般马蹄稍大、味甜多汁、肉嫩无渣，自古更有“地下雪梨”之美誉。乐昌马蹄不但营养丰富，而且具有极高的药用价值。据科学分析，马蹄含有较高的蛋白质，同时含有维生素C、钙、铁、淀粉、糖类等多种营养成分。

《百山百川行》

2014年，央视中文国际频道《远方的家》大型系列节目《百山百川行》播出了有关乐昌市马蹄之乡——北乡镇的内容，记录了北乡镇农民在田地里挖马蹄、削马蹄、品味马蹄等情景，展现了当地人民淳朴的人文风情，也生动描绘出了一幅北乡人民勤劳致富，建设家园的美丽画面。

马蹄峰仙人峰

乐昌马蹄还有一个美丽的传说。相传有位神仙来到乐昌，见这里山清水秀、佳景天成、物华天实、人杰地灵，栽种的马蹄，个大均匀，亲口品尝，清甜爽口。于是神仙便化为凡人，与当地百姓一起种马蹄。有一次，王母娘娘设蟠桃会，这位神仙把乐昌北乡的马蹄献给王母娘娘，列为席上仙果，众仙吃后，赞不绝口。而后又有八位神仙下凡，慕名而来，不愿再回到天上，久而久之，便在北乡后面化作雄奇秀丽的九峰山。如今九峰之一的马蹄峰，便是那位种马蹄的仙人变成的。

商品挑选

芽短紧凑，脐部较平整，表皮呈红褐色或深红褐色；肉质脆嫩、清甜化渣；个大，单果重量大于25克。

食用小贴士

马蹄水煎汤汁能利尿排淋，对于小便淋沥涩通者有一定治疗作用，可作为尿路感染患者的食疗佳品。近年研究发现，马蹄中含有一种抗病毒物质可抑制流脑、流感病毒，能用于预防流脑及流感的传播。一般人群均可食用。

嘉兴南湖菱

嘉兴南湖菱是嘉兴的著名特产，又名青菱、元菱，因产于南湖烟雨楼前的荷花池而得名，是菱中罕见的珍品。

嘉兴南湖菱壳薄、质白、肉嫩、汁多、味道鲜美。最特别的是，它的角是圆的，被称作『无角菱』。1935年《浙江青年》第一卷九期载：『南湖菱，形圆无角，扁似馄饨……其他各地均无出产』。一般来说菱都有角，故称『菱角』，故菱被国人寓意『棱角分明』『锋芒毕露』。然而嘉兴的南湖菱却是圆角的，其皮色翠绿，两端圆滑。两只圆角微微翘起，像一只刚刚煮熟的馄饨，所以它还有一个名字『馄饨菱』或『元宝菱』。

无角菱的传说

南湖菱在清朝时被列为贡品。相传乾隆皇帝南巡江南，曾三次到南湖烟雨楼，在楼前荷花池摘食南湖菱后赞不绝口，写下了“夏中让彼泛锦芰”（芰为菱之称）的诗句。南湖菱为何不长尖角，在民间有一个传说。据说，当年乾隆皇帝下江南途经嘉兴，当地人民拿出南湖的菱给皇帝吃。当时的菱是有尖角的，乾隆皇帝吃的时候一不小心被尖角刺到了，于是乾隆皇帝下令南湖菱不能长菱角。第二年，南湖的菱便不再长角了。

南湖地处长江和钱塘江之间，背靠太湖，面朝大海，更有大运河带来的北方水质。在多种水质的影响下，南湖菱在开花时，萼冠之间的胶质层较松软，最后脱落，从而成为无角菱。而在其他地方，一般情况下萼冠不会脱落，并最终形成“角”。

5000年的历史

南湖菱在5000年前就已经存在了。资料显示，嘉兴市马家浜新石器时代遗址中出土的一只炭化圆角菱，与嘉兴南湖菱相似。经测定其时间为公元前2685—前4090年，证明嘉兴是南湖菱的原产地。据公元1133年宋代范成大《吴郡志》记载：“近世又有馄饨菱者最甘香，在腰菱之上。”

南湖菱之所以久负盛名，因为其分布范围狭窄，“物以稀为贵”。明代人李晔在《紫桃轩杂缀》中记载：“此物东不至魏塘、西不逾陡门、南不及半逻、北不过平望，周遮止百里内耳。”

历史上某些时期种植南湖菱相当兴旺。“水国烟乡足芰荷”（陆龟蒙

诗）、“十亩菱花晚镜清”（韦庄诗）、“湖湾小妇歌采菱，荡舟曲曲花相迎”（郭翼诗）就描写了当时南湖菱生产的盛况。据考查，在20世纪30年代，南湖菱种植面积达4000余亩，平均亩产750公斤左右。

商品挑选

角圆无刺，皮薄色青，肉白水多，清香、脆甜、爽口。

如果生食南湖菱，选色翠而鲜嫩者，尤其是刚出水时口味更佳，熟食则选色黄褐的老菱，洗净后煮食，口味香甜浓郁，肉糯可口。食风菱者选黑色乌菱，洗净后在风中晾干，然后剥食菱肉，此时肉质坚硬，但香味奇特，味美滋口。

天目笋干

天目笋干是浙江省杭州市天目山的特产，由鲜嫩竹笋精制而成，以『清鲜盖世』『甲于果蔬』著称，其中最著名的属石笋干。天目山北麓海拔500～1500米，有一条蜿蜒向上50千米长的天然石竹林杳，东西横向覆盖着天目山背脊。这一带山农自古世代采制石竹笋干，自名『天目笋干』。

笋干传统品种有焙熄、扁尖、肥挺、秃挺、小挺、直尖等，根据不同口味可以分为淡笋干、咸笋干，以及可以直接作为零食食用的多味笋干等。

“天目三宝”之一

天目笋干由浙江天目山石笋精制而成。天目山在杭州临安县境内，海拔1000米以上，四季分明，属亚热带季风性湿润气候，最适宜于竹的生长。临安竹笋面积及产量居全国之首。由于独特的自然条件，天目山所产石笋壳薄、肉肥、色白、质嫩，鲜中带甜。天目笋干青翠带香，味道鲜美，含有纤维素、糖、钙、锌、铁等多种营美成分，能帮助消化，增进食欲，清凉败毒，有助食、开胃、强身祛病之功效，人称“保健蔬菜”。

天目笋干与天目云雾茶、昌化山核桃一起同称“天目三宝”。

西天目禅源寺笋干

天目笋干历史悠久，早在宋代已被立为“精品”。宋赞宁所著《竹谱》中有“天目山生产其色黄，今人以天目笋脯见馈……”的记载。明朝正德、嘉靖年间，天目笋干已为人们所称道。清朝康熙年间，西天目禅源寺香客游人争相购买天目笋干，天目笋干声誉鹊起，每年产量超过三四千担。

1949年前，天目笋干主要产于临安县和于潜县，昌化县生产少量。1933年临安县年产笋干6000担，当时每担可换大米十来石，价值50～70元。

1949年后，笋干主产区为西天目、千洪、横路乡，其次是临目、石

门、杨岭、东天目乡。1956年，天目笋干首次进广交会进行展出，颇受外商青睐,《香港经济导报》称“天目笋干清鲜盖世”。

天目笋干的珍品——“焙熄”

天目笋干制作工艺讲究，须经削、剥、煮、配料、烘、汤、分级等工序后成型。天目笋干型级有白蒲头、笋尖、肥挺、盘笋等，其包装别具一格。将选好的鲜笋削蔸剥壳，留好笋衣。然后用 30% 的盐水将其煮熟，最后烘焙干燥而成毛坯。按质量分焙熄、肥挺、秃挺、直尖等品级。“焙熄”系取笋的嫩尖精制而成的，为天目笋干的珍品；粗壮而柔软者称“肥挺”；粗壮次于肥挺，且经搓、锤成扁圆形者称“秃挺”；石笋煮后焙干，长度不超过40厘米的称“直尖”。“肥挺”宜烧肉，“秃挺”、“直尖”宜作汤料。

天目笋干是食用和馈赠贵宾的佳品，因其风味独特、鲜嫩无双，在国内外享有盛誉。

笋干煲汤鲜味四溢

古时，山清水秀的天目山中有一寺院。一天，一个小和尚做饭，边煮笋边读经书。时间一长，把锅里煮的笋早忘记得一干二净。当想到锅里有笋在煮时，揭开锅盖一看，笋已煮得干干的了。小和尚很是慌张，拿着煮干的笋告知长老：“笋干了！”长老看着煮干的笋，若有所思地说：“此乃笋干”。并命小和尚将煮干的笋撕开，放回锅中添水再煮。不久，锅中鲜味四溢。长老舀出尝了一口，清香可口，味道鲜美。

笋干可煲汤被传开了，并成了人们喜爱的佐餐佳品。直到现在，在笋干泡汤时，人们总喜欢把它撕开，这样不仅吃起来方便，而且汁味也容易出来。

商品挑选

色泽淡棕黄，呈琥珀色，且有光泽；笋节紧密，纹路浅细，片形短阔、体厚；含水量在14%以下，折之即断为好，反之为差。

天目山笋干既可以炒着吃，也可以用来煲汤。不管怎么做，都非常入味又下饭。而且还有额外的减肥效果，嘴馋又想减肥的人可以一试。

安徽太和香椿

太和县香椿是安徽省名特产品，相传已有一千多年的悠久历史。早在唐代，太和香椿芽即为贡品，每年谷雨前后，驿者就驮着上等鲜香椿芽马不停蹄地奔向长安。明清时期，太和香椿芽非常闻名，明朝万历二年（1574年）《太和县志》载：『每届春季，各地游人都到太和品尝椿芽』。

太和香椿以太和县李家郢出产的最具盛名。清朝道光年间，旧县集到岳湾的沙河两岸，约有香椿树8000余亩，年产香椿芽200万公斤，商人在沿河两岸设行收购，运销北京、天津、武汉、上海等各大城市，并出口东南亚各国。

谷雨之前吃嫩芽

太和香椿芽的采收节令性强、要求严，一般采收两次。谷雨前2～5天采收第一次，称头茬香椿芽，品质最佳，产量低，价值高。谷雨后5～7天采收第二次，产量高，品质稍次，价值不如雨前高。

清朝时太和香椿芽被御封为“贡椿”，清朝《太和县志》对太和香椿芽有如下记载：“太和椿芽肥嫩、香味浓、油汁厚、叶柄无木质，清脆可口。”尤以谷雨前椿芽品质优良，芽头鲜嫩，色泽油光，肉质肥厚，清脆无渣，而被称为“太和椿芽”。

水土适宜

太和香椿主要分布在颍河沿岸的河床漫滩冲积的沙淤两合土和少量沙土的乡镇。实践证明：青沙土、两合土是香椿适生土壤。太和县沿颍河两岸的两合土、沙土计1.2万公顷，可以满足以生产基地为主带动其他沿颍河的乡镇香椿生产的发展。

太和县颍河沿岸年降水量高于全县年平均降水量，香椿生长期的3～5月降水量丰沛，光照充足，年日照时数为2444.3小时，可以满足香

椿生长所需的水分和光照。

营养丰富

太和香椿芽含有丰富的维生素C和人体所需要的多种维生素，并含有蛋白质及铁、钙、钾、磷酸盐等矿物质，具有较高的营养价值。尤其在谷雨前采摘的香椿芽，更是香鲜脆嫩，清香扑鼻，食之能使人提神、明目。既可沏成椿芽茶，又可调拌成面食。据《中国中药大全》记载，香椿芽对咳嗽、声音嘶哑、水土不服及妊娠反应有一定疗效。

历史上的突破

历史上由于黄河水灾，香椿树多被洪水淹死，加上战争，至20世纪50年代初，只有玉皇庙、王窑、李营等地尚保存零星香椿树。后经太和县人民政府大力倡导和扶持，香椿资源逐渐增加，香椿芽生产快速发展，先后培育出黑油椿、红油椿、青油椿等优质品种。

目前，太和香椿以城关镇西王窑、大新镇张玉皇村为中心发展，涉及税镇、旧县、城关、赵集6个乡镇，117个自然村，面积达6000多亩，四周零星栽植约15万株，年产椿芽75万公斤。

商品挑选

芽头鲜嫩、肉质肥厚、色泽油光、香味浓，叶柄无木质、清脆无渣。

尤以谷雨前椿芽品质最为优良。

食用小贴士

香椿芽有很多种吃法，炒、拌、蒸、炝都可以。典型的菜肴如北方的“香椿拌豆腐”“香椿煎鸡蛋”，四川的“椿芽炒鸡丝”等，陕西的“炸香椿鱼”更是负有盛名的传统菜。吃香椿芽前要用开水烫一下，香椿鲜嫩可口，能做出多种风味小吃。

香椿芽可吃鲜的，但新鲜香椿芽不易保存，多采用腌制加工。

甘肃庆阳黄花菜

庆阳黄花菜产于甘肃省庆阳市，是全国闻名的优质土特产品。黄花菜在庆阳已有两千多年的栽培历史。最初黄花菜被作为宫廷观赏花卉，后来人们发现其尚未绽放的花蕾，细长匀称，肉质丰厚，气味芬芳。花蕾晒干脱水后，颜色更趋金黄，烹熟后色香味极佳。后来黄花菜广泛种植，成为誉满中华的干制蔬菜。

庆阳黄花菜经加工后的干菜，条长色鲜，肉厚味醇，色泽黄亮，营养丰富，久煮不散。其品质在全国名列前茅，多年来远销欧美、日本、新加坡、马来西亚、泰国、印度尼西亚等地。2006年12月，国家质检总局批准对庆阳黄花菜实施地理标志产品保护。

塬坝纵横，土质肥沃

黄花菜在我国栽种区域极广，但其中尤以庆阳黄花菜质量列各产区之首，庆阳黄花菜有“西北特级金针菜”之誉。庆阳黄花菜之所以如此著名，这与当地的水土和栽培技术有关。庆阳地处甘肃东部陇东黄土高原，属典型的自然农业经济区，境内丘陵起伏，塬坝纵横，土质肥沃，雨量适中，气温较高，光照充足，自然条件十分适宜黄花菜生长。

马蔺黄花菜营养价值高

庆阳黄花菜花瓣肥厚、色泽金黄、香味浓郁，食之清香、鲜嫩、爽滑，营养价值高，被视作“席上珍品”。庆阳黄花菜营养丰富，含多种维生素、蛋白质、糖、矿物质等，具有利尿、通乳、平肝止血、健胃消食等功效。

据测定，庆阳地区主要栽种的马蔺黄花菜，每千克干菜中，含蛋白质10.99%、糖46.35%、脂肪1.1%，含钙153.07毫克、磷84毫克、铁70.2毫克、维生素A 1.624毫克、维生素C 0.339毫克、维生素B 10.666毫克。

工艺创新，质量更佳

庆阳是久负盛名的黄花菜之乡。每年夏季花朵盛开，杏黄色、橘黄色、米黄色、金黄色、绿黄色、金橙色的花朵流光溢彩，让路人叹为观止。宋代诗人苏东坡赞叹之余写下了：“萱草虽微花，孤秀能自拔。”的动人诗句。

近年来，庆阳黄花菜产量直线上升，年种植约50万亩，总产量达1.6吨。加工技术也更加先进，有免蒸、熏蒸、液浸、保鲜、无菌脱水等许多新工艺，产品种类增多，质量提高，包装精美，具有大规模的产业化发展势头。

商品挑选

花朵色泽黄绿、有光泽，大小均匀一致，顶端未开放，粗而长，无蒂柄杂质。

食用小贴士

鲜黄花菜中含有一种“秋水仙碱”的物质，它本身虽无毒，但经过肠胃的吸收，在体内氧化为“二秋水仙碱”，具有较大的毒性，所以在食用鲜品时，每次不要多吃。

山西大同黄花菜

大同县和广灵县是山西省黄花菜的重要产区。大同县黄花菜是在明末清初从内蒙古传入的，所以从明朝开始，大同县就享有『黄花之乡』的盛名。大同黄花菜一直是进贡皇家的滋补贡品。其种植年代久远，历史文化价值较高。

大同县的黄花菜有三大优点：一是颜色鲜黄，干净无霉；二是角长肉厚，肥颀整齐；三是油性大，脆嫩清口，久煮不烂。因此，大同黄花菜为素食上品，深受外商欢迎，成为山西省重要外贸商品之一。

土质肥沃，环境佳良

大同县对于黄花菜生长具有得天独厚的条件，该县地势平坦，土壤土质肥沃，含有多种矿物质。海拔平均在千米之上，气候凉爽，属温带季风性气候，夏季雨水集中，秋季温差大。这样的气候和土壤条件极适宜黄花菜生长。

大同县的黄花菜生产地远离喧闹的城市地带及污染源地区，空气质量良好。丰富的优质水资源提供了良好的灌溉条件，加上本地区劳动人民数百年来不断积累的劳动方式和生产经验，为优质的黄花菜生产创造了良好的生态环境。

“一县一业”的主导产业

改革开放以来，大同县把黄花菜种植作为农业增效、农民增收的支柱产业来抓。县委、县政府把黄花菜产业确定为“一县一业”的主导产业，陆续出台了土地流转、资金扶持、技术服务、招商引资等一系列配套政策措施，每年拿出专项资金对黄花菜种植农户进行补贴，同时对连片种植200亩以上的，由政府部门免费打井取水，引进节水技术，配套节水管道等，极大地调动了农民种植黄花菜的积极性。

目前全县黄花菜种植总面积已达11万亩，形成了西坪、倍加造两个万亩精品片区，涌现出了下榆涧、唐家堡等10个黄花菜专业村，黄花菜总公司、三利公司等4家黄花菜加工龙头企业，全县黄花菜产业发展形势喜人，正向着规模化种植、集约化加工、品牌化销售的现代农业发展方向大步迈进。

品牌建设，驰名商标

近年来，大同县全县打造无公害、绿色食品品牌，无公害农产品、绿色食品、有机食品的认证和生产逐步走向制度化、正规化，这对促进农产品竞争力和品牌建设起到了极大的推动作用。

2003年大同黄花菜被中国绿色食品发展中心定为“绿色食品A级产品”。2005年，大同县黄花菜合作协会所注册的“大同黄花”通过国家工商总局“原产地”认证。2008年，大同黄花菜在香港国际农产品博览会荣获金奖。2009年，大同黄花菜在中国（山西）特色农产品交易博览会上荣获金奖。2010年，大同黄花菜在郑州举办的国际农产品展销会获金奖。2010年，在北京举办的全国特色农产品展销会上大同黄花菜荣获金奖。2014年，大同黄花菜在第十二届中国国际农产品交易会上获金奖。

食花的蔬菜

《诗经·卫风·伯兮》中有：“焉得谖草，言树之背。”朱熹注曰：“谖草，令人忘忧；背，北堂也。”这里的“谖草”就是萱草，“谖”是忘却的

意思。这句话的意思就是：到哪里弄一枝萱草，种在北堂前，可以忘却了忧愁呢？《诗经疏》称："北堂幽暗，可以种萱"，北堂是母亲居住的地方，后来代表母亲。后来，母亲居住的屋子也称萱堂，萱草就成了母亲的代称，它也成了中国的母亲花。

黄花菜是萱草的一种，黄花菜的花具有很好的观赏价值，其花蕾未开放时采摘经干制，成为高营养价值的蔬菜。《营养学报》曾评价黄花菜："具有显著降低动物血清胆固醇的作用。"大家知道，胆固醇的增高是导致中老年疾病和机体衰退的重要因素之一，能够抗衰老而味道鲜美、营养丰富的蔬菜并不多，而黄花菜恰恰具备了这些特点。

商品挑选

大同干黄花菜为蒸制晒干的黄花菜，颜色鲜黄，干净无霉；角长肉厚，线条粗壮，肥颀整齐；油性大，脆嫩清口。

食用小贴士

黄花菜鲜嫩爽口，香气扑鼻，易于消化与吸收，特别是与蘑菇、木耳、生菜、鸡蛋等配料搭配起来，更是营养极佳。孙中山先生曾用"四物汤"作为自己健身的食疗食谱。"四物"即黄花菜、黑木耳、豆腐、豆芽，黄花菜位列其首。

甘肃兰州百合

百合是一种多年生草本植物，在全国各地都有出产，其中以兰州人工栽培的兰州百合最为有名。兰州百合独到之处是色泽洁白如玉、含糖量高、形大味甜、肉质细腻。兰州百合含有丰富的蛋白质、糖类、矿物盐和果胶，含糖量比著名的宜兴百合、龙牙百合还高。

2001年12月国家工商总局商标局将“兰州百合”商标授予兰州七里河区，2004年9月国家质检总局开始对兰州百合原产地进行保护。

兰州百合源于陕西

百合在兰州的栽培历史至少有四百年了。明朝万历三十三年（1605年）刊《临洮府志》记载，兰州栽培百合，只不过归入《物产》和《花类》。到了清代，《旧县志》记载，黄峪山“土宜百合”，则已食用百合的鳞茎。

据《皋兰县志》记载：1858年，兰州七里河区黄峪沟农民扬万贵（世称扬百合）从陕西长武、彬县引进百合新种，1863年试种成功，1883年在当时陕甘总督谭钟林的重视和大力支持下，百合种植得到大力发展。当时种植的百合只供一些达官贵人食用，地方官僚向清朝政府官员和皇室进贡，到1890年开始作为蔬菜上市。当时的种植面积达355亩，每亩产量600公斤。

光绪十七年（1891年）刊《重修皋兰县志》，把百合归入《物产·蔬》，并引入《本草纲目》，描述其鳞茎即“百合之根，以众瓣合成者也。其根如大蒜，其味如山薯。”《甘肃新通志》记载：到清光绪时，兰州百合“种者渐多，得利甚优”。

“天下百合第一村”

兰州市七里河区是兰州百合的主产区，袁家湾村有“天下百合第一村”

的美誉。该地山峦起伏，青山绿水，环境幽静，海拔在1800米以上，年降水量500多毫米，土层深厚、质地疏松、冷凉温润，昼夜温差大，非常适宜百合生长。

兰州百合是全国4大百合品系之一，同时也是唯一味甜可食用的百合。作为食用百合，兰州百合不仅独一无二，而且受到生长期的严格限制：生长期在五年以上，而且种一茬后必须让土地倒茬 2 年以上。加上百合对种植区海拔、气候、土壤均有特殊要求，这些独特性决定了兰州百合在市场上常常供不应求。

闻名全国，世界第一

兰州百合属于“川百合”变种，风味甘美、无苦味，被称为“甜百合”，其鳞片包合紧密，色泽洁白，肉质肥厚，有很高的食用、药疗和观赏价值。我国著名植物分类学家孔宪武教授曾评价：“兰州百合味极甜美，纤维很少，又毫无苦味，不但闻名全国，亦堪称世界第一。”

兰州百合富含碳水化合物，主要是可溶性糖和淀粉，粗纤维量很少。蔗糖含量高，产品甘甜可口，肉质细腻。兰州百合蛋白质含量达 2.19%，是其他根茎类蔬菜的2 ~ 5倍；含有人体必需的8种氨基酸及多种维生素，其中维生素B2含量特别高，是一般蔬菜的10倍；在目前已知的14种人体所必需的微量元素中，兰州百合中含有12种微量元素，尤其是锌元素含量较高。

文人眼中的百合

20世纪40年代，诗人张思温路过兰州西果园一带，看到山坡上种有许多百合，曾吟《百合》曰："陇头地厚种山田，百合收根大若拳。三载耕畬成一获，万人饮膳值新年。金盘佐酒如酥润，玉手调羹入馔鲜。寒夜围炉银烛耀，素心相对照无眠。"这不仅写出了百合上市时间，而且写出了百合的栽培特点及过年食用的民俗。

临夏诗人张质生曾从兰州过湖滩黑鹰沟去临夏，见山坡种植百合连片，花开似火，分外茂盛，赋诗曰："客心原不系，陡入黑鹰沟。碓水白如玉，山田碧似油。高低沙石路，远近树林丘。百合沿途茂，果园茶一瓯。"

晚清安徽画僧虚谷品尝过兰州百合，遂绘《百合图》。三枚百合大小不一，无不硕大瓣肥，瓣尖施以淡紫，须根浓墨处之，左下数片红叶，红白映衬，更觉百合玉洁冰清。

抗战时期国画大师张大千两次暂住兰州，赏过兰州百合花，品尝过百合菜肴，对百合印象深刻。参加过护法战争的庄浪人杨尊一向张大千索画，张以百合图相赠。条幅上一株百合以较大的弧形纵贯画面，枝叶纷被，橙红花朵娇艳，鳞茎硕大；并题词曰："云希希，烟微微，仙人新著五铢衣，一笑嫣然喜玉扉。"

著名画家齐白石品尝过兰州百合，曾绘《百事不如饮酒强》：画面正中为一浅筐，装满肥硕百合，筐前左画一枚百合，数片百合瓣；百合筐后左侧画一浅筐柿子，右侧画一酒坛；上部偏左用大篆题："百事不如饮酒强"，行书落款："白石老人再 篆"。白石老人用笔泼辣，构图突出百合，用谐音强调"百（百合）事（柿子）"——任何事都比不上饮酒强，表达了

大师不受俗物羁绊的自由情怀。

商品挑选

百合色泽洁白如玉，瓣大肥厚，肉质细腻、香甜。

百合具有清肺功能，对发热、咳嗽有一定疗效。食用百合能加强肺的呼吸功能，对于有支气管不适的病患者有裨益。百合可以泡茶喝，也可以煲汤和煮粥。

浙江湖州百合

湖州百合是卷丹百合的一种，产于浙江省湖州市，以该市市郊、太湖沿岸的太湖乡种植的最为著名，历史上素以『太湖百合』著称。『卷丹』良种有『苏白』『长白』两个品种，苏白植株矮壮，茎秆较短，叶片稠密，鳞茎平头型，鳞片排列紧密；长白植株较高，着叶稀疏，鳞片排列松散，二者统称为『湖州百合』。

湖州百合已有近500年的栽培历史，明朝末年湖州就有“百合之乡”之称。据明朝末年浙江吴兴人沈氏编写的《补农书》记载：“百合根甘表，花复芳洁，种于桑际，无损于桑。”

“百合大王”

湖州百合主要产于太湖沿岸地区。太湖乡位于太湖南岸，气候四季分明；雨热同季，降水充沛；光温同步，日照充足；气候温和，空气湿润；土壤肥沃，特别是当地的黄沙硬土，有良好的透气、透水性，最宜百合生长。

由于这里气候与土壤条件适宜，所产百合有个大肉肥、营养丰富、芳香微苦的特点。湖州百合既是一种高级的滋补食品，做菜脆甜清香，熬汤清凉爽口，又是夏日消暑的名贵饮料。湖州百合被誉为“百合大王”，畅销全国各地，并远销国外。

“太湖人参”

湖州百合鳞茎肥厚、清香微苦、洁白如脂、肉质细嫩、滑腻如玉，具有鳞茎在阳光、空气中极易泛红变成紫褐色的特点。太湖百合味甘中带微苦，风味独特，且含微量秋水仙碱等多种药理成分，是一味重要的中药材。湖州百合有润肺化痰、宁心安神的功效，有“太湖人参”的美称。

食用百合与药用百合

兰州百合为食用百合，湖州百合为药用百合。二者均可食用，但功效有所不同。食用百合色泽洁白、有光泽、鳞片肥厚饱满、质地细腻、营养丰富、口味甜美而幽香；药用百合颜色微黄、缺乏光泽，味甘，微苦。

食用百合有较高的营养价值，可煮粥入饭，四季皆可食用。药用百合有润肺止咳、清心安神、补中益气之功能，能治肺痨久咳、虚烦、惊悸、神志恍惚、脚气浮肿等症。

食用百合的糖含量大大高于药用百合，这与其“甜百合”的称号名副其实，且其肉质细腻软糯、营养价值高。

商品挑选

新鲜的湖州百合应挑选个大、瓣匀、肉质厚、呈淡黄色的。百合干宜挑选干燥、无杂质、肉厚、晶莹透明的为佳。

食用小贴士

百合、红枣、莲子同煮粥，可治神经衰弱、心烦失眠，该粥具有滋养安神的作用。

张家口口蘑

口蘑是张家口的名优土特产品之一，是畅销全国各地的名贵副食品，是昔日地方官吏进贡皇宫的首选。口蘑的主要产地在内蒙古锡林郭勒盟的东乌旗、西乌旗和阿巴嘎旗、呼伦贝尔市、通辽等草原地区。

1958年郭沫若视察张家口时，写过一首赞美口蘑的诗：『口蘑之名满天下，不知缘何叫“口蘑”？原来产在张家口，口上蘑菇好且多。』诗人道出了口蘑这名字的来历。这种蘑菇通常运到张家口市加工，再销往全国各地。由于内蒙古土特产以前都通过河北省张家口市运往全国各地，张家口是内蒙古货物的集散地，『口蘑』因此而得名。

口蘑由于产量少、需求量大，所以价格昂贵。以前作为贡品，仅供皇室、贵族享用，目前仍然是市场上较为昂贵的一种蘑菇。

口蘑有多种

口蘑又名白蘑、白蘑菇等。菌盖（俗称伞盖）宽5 ~ 17cm，半球形至平展，白色，光滑，初期边缘内卷；菌肉白色；菌褶白色，稠密，弯生，不等长；菌柄粗壮，白色，长3.5 ~ 7cm，粗1.5 ~ 4.6cm。口蘑夏、秋季在草原上群生，常形成蘑菇圈。作为一种名产，口蘑的种类颇多，主要有白大蘑、普大蘑、杵中蘑、珍珠蘑、镜子面蘑、青腿片蘑、杵片蘑、茸子蘑等十多种。其中最为名贵的是白蘑，其菌盖洁白，菌褶黄白，褶细、盖大、肉厚、柄短，气味极为清香。经过加工的成品口蘑，色泽分明，形如伞状，个大肉肥，色、香、味俱佳，可清炖、红烧、吊汤食用，尤其是炖好的“肉丝口蘑汤”能使满屋清香，扑鼻入腑，让人食欲倍增。

口蘑的特殊营养

口蘑中含有维生素D。当口蘑受到紫外线照射时，就会产生大量的维生素D。而多摄入维生素D，可以很好地预防骨质疏松症。口蘑无脂肪、无胆固醇，富含大量有益健康的多种维生素、矿物质以及防癌抗氧化剂。口蘑中还含有一种稀有的天然氨基酸抗氧化剂——麦硫因。研究人员发现，口蘑中麦硫因含量是麦芽的12倍，是鸡肝的4倍。麦芽和鸡肝一直以来都被认为是抗氧化剂麦硫因的主要食物来源。

口蘑补硒仅次于灵芝

硒是微量元素中的“抗癌之王”。市场上的补硒产品很多，但研究证实，有些富硒食物的补充效果并不是很好。实验分析，一般品种的口蘑中含有矿物元素达10余种，特别是对人体关系密切的钙、镁、锌、硒、锗的含量，仅次于药用菌灵芝，比一般食用菌高几倍甚至几十倍。而硒的最大作用是能明显抑制癌前病变，在有效剂量范围内，越早补硒，癌症的发病率就越低。

口蘑中含有的硒在人体中的吸收效果也非常好。喝下口蘑汤数小时后，血液中的硒含量和血红蛋白数量就会增加，并且血中谷胱甘肽过氧化物酶的活性会显著增强，它能够防止过氧化物损害机体，降低因缺硒引起的血压升高和血黏度增加，调节甲状腺的工作，提高免疫力。

“烩南北”应叫“烧南北”

《舌尖上的中国2》第五集《相逢》开篇就介绍了张家口的历史，也介绍了口蘑与张家口的关系。片中对口蘑的烹饪进行了详细的展现，司空见惯的口蘑在厨师的精细烹饪下，同江南的冬笋相逢，完成了一道具有300多年历史的中国北方名菜——“烩南北”。这种相逢不仅造就一种美食，更带来无尽的想象空间。摄制组18小时的精细拍摄，充分展示了口蘑的美味和张家口的韵味。“烩南北”准确地说应该叫“烧南北”，这道菜采用的烹饪技法是不带汤汁的烧，而不是加了汤汁之后的烩。郭建军说，“烧南北”最早形成于明末清初，原料是江南立冬前采集的苞笋干制品玉兰片和

产自内蒙古的口蘑，经烧制烹饪而成，最初取名“玉兰烧口蘑”，后来为了避慈禧太后的讳，把这道菜改名叫“烧南北”，取名一南一北两种珍贵的食材，“烧南北”由此得名。

商品挑选

新鲜的白蘑菌盖洁白、菌褶黄白、褶细、肉厚、盖大、柄短，口味极为清香。

口蘑味道鲜美，口感细腻软滑，十分适口，既可炒食，又可焯水凉拌，是京味打卤面中不可缺少的原料。

宁夏中宁枸杞

宁夏回族自治区中宁县是世界枸杞的发源地和正宗原产地，也是中国枸杞主产区和新品种选育、新科技研究推广开发区，是国务院命名的『中国枸杞之乡』。2009年『中宁枸杞』荣膺中国驰名商标，并被评为全国最具影响力的地理标志，品牌价值近30亿元人民币，列中国农产品区域公用品牌价值排行榜第19位。2010年，中宁县枸杞种植面积发展到20万亩，占全国总面积的23%；枸杞干果产量达到4万吨，产值达到16.5亿元，综合产值超过40亿元。

中宁枸杞全国之冠

长期以来，中宁枸杞一直以品质纯正、产量丰盈而居全国之冠。中宁枸杞通常每年开花两次，夏采者称“夏果”，秋采者谓“秋果”。鲜枸杞色泽红艳、似纺锤形，壮如枣核。经传统工艺加工后，干枸杞久贮不腐。

中宁枸杞果实呈纺锤形或椭圆形，两端极小；顶端有凸起的花柱痕，基部有白色的果梗痕。果皮柔韧且薄，果肉柔软，内含浅黄色、扁肾形种子。

枸杞鲜果颗粒较大、籽少、肉厚、鲜艳欲滴、玲珑剔透；干果是长果形、呈椭圆且扁长形，肉质饱满，色泽偏暗紫，有不规则皱褶，略有光泽。枸杞口味甘甜、回味略带苦涩。

“入药甘枸杞皆宁产”

据史籍载，中宁栽培枸杞至少已有600年的历史，明朝弘治年间中宁枸杞即被列为“贡果”。编纂于清朝乾隆年间的《中卫县志》称：“宁安一带家种杞园，各省入药甘枸杞皆宁产也”。时人曾赋诗赞曰：“六月杞园树树红，宁安药果擅寰中。千钱一斗矜时价，决胜腴田岁早丰。”《朔方道志》中也有“枸杞宁安堡者佳”的记载。唐朝著名诗人刘禹锡曾赞誉枸杞“枝繁本是仙人杖，根老能成瑞犬形。上品功能甘露味，还知一勺可延龄。”

宁夏枸杞，本经上品

中宁枸杞之所以名甲天下，其一得益于当地适于枸杞生长的土壤和昼夜温差大的气候；其二是利用黄河水与含有各种矿物质的清水河苦水灌溉。这些特定条件决定了中宁枸杞的与众不同。中宁枸杞色艳、粒大、皮薄、肉厚、籽少、甘甜，品质超群，是唯一被载入《中国药典》的枸杞品种。国家中医药管理局将宁夏定为全国唯一的药用枸杞产地，宁夏是全国十大药材生产基地之一。明代杰出医药学家李时珍所著《本草纲目》中，将宁夏枸杞列为本经上品，称“全国入药杞子，皆宁产也。”

中宁枸杞的传说

相传战国时，在秦国境内黄河南岸，香山北麓的平原上，有一青年农夫，乳名狗子，以农耕为业，娶妻杞氏，杞氏勤而贤惠，夫妻日出而作，日落而息，奉养老母，勉强度日。时秦吞并六国，倾国之男丁，拓疆征战，狗子被召戍边。狗子戍边归来，已是满脸须发。路见家乡正闹饥荒，田园荒芜，路人讨吃，饿殍遍地，众乡邻面带菜色，孩子嗷嗷待哺。狗子甚为惶恐，不知老母与妻子现状如何，既到家，见老母发丝如银，神采奕奕，妻子面色红润，不像路人饥饿之状，甚为惊讶，谓妻曰：“路见乡邻皆饥，唯母与尔饱满，何也？”妻对曰：“尔从军后，吾终日劳作，勉为生计，去今之年，蝗灾涝害，颗粒无收，吾采山间红果与母充饥，方免其饿。”其母曰：“吾若非尔媳采红果食之，命已殒矣！”邻人闻之，争相采食，谓之枸杞食。

后人发觉狗妻杞氏所采山间红果有滋阴补血、养肺健胃之功效，民间医生采之入药，改其名称“枸杞”。

中宁枸杞富含枸杞多糖，枸杞多糖是一种水溶性多糖，由阿拉伯糖、葡萄糖、半乳糖、甘露糖、木糖、鼠李糖这6种单糖成分组成，具有生理活性，能够增强非特异性免疫功能，提高抗病能力，抑制肿瘤生长和细胞突变。

免疫衰老与细胞凋亡密切相关。枸杞多糖（LBP）能明显提高吞噬细胞的吞噬功能，提高淋巴细胞的增殖能力。枸杞多糖不仅是一种调节免疫反应的生物反应调节剂，而且可通过“神经－内分泌－免疫调节”网络发挥抗癌作用。

枸杞多糖能增强受损胰岛细胞内超氧化物歧化酶（SOD）的活性，提高胰岛细胞的抗氧化能力，减轻过氧化物对细胞的损伤，降低丙二醛生成量。这表明枸杞多糖对胰岛细胞有一定的保护作用。

商品挑选

中宁枸杞呈椭圆扁长而不圆，呈长形而不瘦；果色呈暗红色或紫红色，果脐白色明显。干果含水量在12% ~ 13%，包装不宜结块，若是挤压成块，失压后能自动松散。

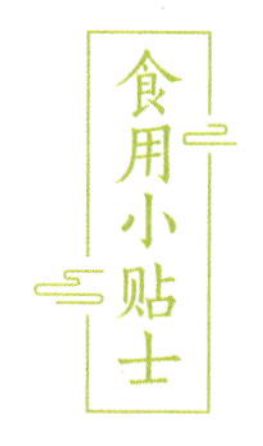

具有多种保健功效，是药食两用食物。适量食用有益健康，可用于煲汤，也可用于泡茶饮用。

涪陵榨菜

涪陵榨菜是由茎用芥菜加工研制而成的。茎用芥菜又名青菜头，是中国特产蔬菜，由叶用芥菜演化而来，演化中心在中国四川省。长江两岸的涪陵、万县、重庆等地为芥菜主产区。据考证，18世纪初叶，涪陵长江沿岸已有青菜头的栽培。正宗的涪陵榨菜原料是在特殊的土壤和水质环境、气候环境中孕育出来的，产区面积不是很大，主要在重庆市丰都县的高家镇，至重庆巴南区木洞镇附近200公里长江沿岸地带。其中涪陵是中心主产区。生长特别好，收获的青菜头肉质肥厚、嫩脆、少筋、味优良。这一范围外的地区生长的青菜头质地较差。

涪陵榨菜的历史

涪陵榨菜起源于涪陵城西邱寿安家。邱寿安，清朝光绪年间涪州城西洗墨溪下邱家院人，早年在湖北宜昌开设“荣生昌”酱园，兼营多种腌菜业务，家中雇有资中人邓炳成负责干腌菜的采办整理和运输。光绪二十四年（1898年），下邱家院一带的青菜头丰收，由于邓炳成懂自己家乡“大头菜”的加工技术，与邱家妇女们商量，他试着仿照大头菜全角腌制法，将青菜头制成腌菜，其味甚佳。“有客至，主妇置于席间，宾主皆赞美。”“翌年继而制之，数达八十坛……”这足以说明邓炳成就是涪陵榨菜的创始人，由于他既善于总结民间咸菜制作经验，又善于引用外地技术，创造了青菜头的全角加工新技术。他为开创涪陵榨菜事业迈出了第一步。

传统的加工工艺

未加工的青菜头俗名生货，以肥大、质嫩、性脆、个重在125克以上者为上品。“冒顶”（未抽薹前）砍菜，切掉老根，上齐菜心，去叶无“鹦哥嘴”和菜匙者方可作为加工原料。

“榨菜”的得名源自加工的设备和工艺，经风晾脱水、初腌后，用木榨榨出盐水，再进行复腌。此方法制成的腌菜制品取名为“榨菜”。坊间有“鲜榨菜”“榨菜毛”两种称谓，“鲜”和“毛”分别特指“生鲜”和“毛坯”，两字都有加工原料的含义。

从原料到成品一般要经过10道工序，即选菜、晾菜、下架、腌制、修剪、淘洗 、拌料、装坛、封口。 每道工序各有严格的操作规程和半成品质量标准。腌菜的盐必须用四川自流井粗粒井盐；辣椒能提味、防腐、

着色，是传统榨菜加工必不可少的原料，一般选用成都上河辣椒，辣椒去蒂去籽，以64孔罗底过筛，其色泽鲜红，久贮不变；辅助香料粉有传统配方，视为商业秘密。

经营有道，财源滚滚

当年，青菜头腌菜制好后，邓炳成顺便捎带两坛到宜昌供邱寿安尝新。邱又用它待客，亲友及同行一致认为此菜奇特、鲜美可口，其他腌菜均不及。邱顿生谋利之念，马上投放市场，销售甚好。邱是位富有商业经验的商人，他认为这个新产品今后会有广大的销售市场，经营起来必有大利可图。于是当年就赶回涪陵老家，精心策划，投资建厂，安排家人大量制作。次年运宜昌80坛试销，并以“涪陵榨菜”这奇特之名广告于市，未及半月即销售一空。每坛榨菜重25公斤，售价32元大洋。为此，“榨菜”之名由此而生，并沿用至今。邱家榨菜试销成功，于是扩大生产，增加产量，每年榨菜生产量遂达800坛之多。为了长期获利，邱寿安令其家人秘守加工方法，不许传给外人。

榨菜小批量在宜昌试销后，由于产品新奇，销售数量日渐增多，始终供不应求。经过多年经营，榨菜销售在宜昌形成了一定的市场，这就是中国第一个涪陵榨菜销售市场。

一炮打响，上海走红

邱寿安之弟邱汉章于1912年运80坛榨菜到上海试销，当时上海市民

不知榨菜这种奇形怪状的东西是什么，味道如何，并无人购买。邱汉章立即设法宣传，到处张贴广告，并登报广告宣传；同时又将榨菜切成丝、片装成小包，附上使用说明，派人在戏院、浴室、码头等公共场所销售。有好奇者买回尝试，其味可口，经扩大宣传后，陆续有人来购买，未经一月便销售一空。当时上海居民凡炒菜或炖汤，添入少许榨菜，味极鲜美，所以深受欢迎。有的人甚至榨菜作为茶会款待上宾之用，或作为赠送友人的礼品。

1914年，邱汉章在上海设立“道生恒”榨菜庄，以经营榨菜为主，兼营其他货品，这便是中国第一家专业榨菜庄。当年销售榨菜达千坛左右，所以上海也成了中国第二个榨菜销售市场。邱氏的商业经营，给榨菜生产的发展创造了有利条件，促进了榨菜生产的大发展。

行销世界，誉满全球

1930年后，榨菜已行销港澳，出口南洋、日本、菲律宾及旧金山一带，年销售量达3万坛。榨菜的集散市场首为上海，其次为汉口，再次为宜昌。在上海有经营出口榨菜的“鑫和”“盈丰”“协茂”“李保森”等大商行。这些商行都集中在上海场翔路，离港口较近，以利于经营。

1915年，涪陵“大地牌榨菜”获巴拿马万国商品博览会金奖。1970年，在法国举行的世界酱香菜评比会上，中国涪陵榨菜与德国甜酸甘蓝、欧洲酸黄瓜并称世界三大名腌菜。

商品挑选

涪陵榨菜历经百年发展，形成了坛装、软袋小包装、听瓶盒装三大包装系列上百个品种。全角产品以圆形菜头、划块整齐、味正质嫩、香气浓厚者为上品。

食用小贴士

"川菜十三品，首推回锅肉"，在炒回锅肉时，加上榨菜片，菜会更加味美可口。

六必居

北京六必居酱疙瘩

北京六必居酱园始于清朝康熙年间，是京城历史上最负盛名的老字号之一。六必居原是山西临汾西杜村人赵存仁、赵存义、赵存礼三兄弟开办的小店铺，以卖油、盐、酱、醋起家，逐渐发展成为驰名中外的酱菜园。

六必居酱疙瘩是该店的招牌产品，其原料为根芥菜，俗称芥菜疙瘩。产品呈酱紫色，断面有光泽，摸着软，吃着脆。其味酱香醇厚，甜咸适口，脆韧适宜，是不少老北京人喜爱的酱菜。

六必居的名号

六必居名号的来历经常被人解释为酿酒的六件事：即“黍稻必齐，曲蘖必实，湛之必洁，陶瓷必良，火候必得，水泉必香。”讲究造酒时用料必须上等，下料必须如实，制作过程必须清洁，火候必须掌握适当，设备必须优良，泉水必须纯香。查看北京历代制酒的资料，并无六必居酿酒的记载，因此“六必”是由酿酒而来的说法不能成立。

据六必居老经理贺永昌说，六必居本身不产酒，它只是自崇文门外八家酒店中趸来酒经过加工后制成“伏酒”和“蒸酒”再售给顾客。他自学徒时起，只知道六必居售“开门七件事”中的六件，除了茶叶不卖外，柴、米、油、盐、酱、醋六样生活必需品都卖，所以叫“六必居”。

六必居的招牌

六必居店堂里悬挂的“六必居”金字大匾，相传出自明朝首辅严嵩之手。此匾虽数遭劫难，但仍保存完好，现已成为稀世珍品。

1965年的一天，当时的北京市委书记邓拓通过原六必居酱园经理贺永昌借走了六必居的大量房契与账本，他从这些材料中考据出六必居不是传说中的创建于明朝嘉靖九年（1530年），而是创建于清朝康熙十九年到五十九年间。雍正六年，账本上记载这家酱园的最早名字叫源升号，到乾隆六年，账本上第一次出现“六必居”的名字。六必居既然不是创建于明朝，当然它的匾也不是严嵩写的。

用料精细、考究

六必居的酱疙瘩所以出名，与它选料精细、制作严格分不开。六必居酱疙瘩旧时原料来自北京南郊小红门产的二道眉芥头，经洗晒腌制而成。其腌制有一套严格的操作规程，一切规程由掌作一人总负责。腌制用的酱油为自家酿造，黄豆选自河北丰润县马驹桥和通州永乐店，这两个地方的黄豆饱满、色黄、油性大；小麦选自京西涞水县，为一等小麦，这种小麦黏性大。六必居酱疙瘩用料精细、考究，加工工艺严谨，保证了其产品质量。

小菜名声大

六必居自产自销的酱菜，因加工技艺精湛、色泽鲜亮、脆嫩清香、酱味浓郁、咸甜适度，清代被选作宫廷御品。为送货方便，清朝宫廷还赐给六必居一顶红缨帽和一件黄马褂，这两件衣帽一直保存到1966年。

六必居腌制的酱菜不但是京城许多家庭的必备小菜，也是国宴上必备的名小菜之一。日本前首相田中角荣首次访华时，就指定秘书购买六必居酱菜带回日本。

相传抗战时期，蒋介石请客设宴，也曾点名让店里的伙计送六必居的酱菜，可见六必居酱菜的名声之大。

江苏如皋萝卜条

如皋萝卜条是江苏省如皋县著名土特产，用『如皋萝卜』腌制的『如皋萝卜条』，相传已有900多年的历史。如皋萝卜条具有嫩、脆、香、甜的传统特色，曾先后获得省、市优质食品奖和对外经济贸易部出口产品『荣誉证书』，以及省质量评比第一名，它是如皋的传统产品。

如皋萝卜条形如橘片，微卷曲，色橘红，有光泽，吃的时候脆嫩无渣，甜中带咸，具有萝卜条特有的清香。用它佐餐能生津开胃，增进食欲，帮助消化。

精心考究的选料和独特细致的加工腌制工艺，使“如皋萝卜条”不仅在国内深受欢迎，还行销新加坡、马来西亚、日本等国家。

定慧寺白萝卜

如皋萝卜栽培历史可上溯千余年，相传在唐朝太和年间（公元827—836年），如皋定慧寺僧侣早有种植。僧侣曾用自种的萝卜雕刻成莲花、佛手、宝塔、灯笼等作为供品，并馈赠施主。当时又称莱菔，其种子叫莱菔子，供药用。后逐渐流传民间，广为种植。

如皋地区气候条件优越，水源条件较好，且多为沙性土壤，很适宜白萝卜的生长。经过数百年精心栽培和选育，所产萝卜品质明显优于外地所产，“如皋萝卜”名扬天下。如皋萝卜的特点是：皮薄、肉嫩、多汁，味甘不辣，木质素少，嚼而无渣，以嫩、脆、甜享誉四方，名扬天下。

特定的原料品种

清朝乾隆庚午年（公元1750年）编修的《如皋县志》载：“萝卜，一名莱菔，有红白二种，四时皆可栽，唯末伏秋初为善，破甲即可供食，生沙壤者甘而脆，生瘠土者坚而辣。”

如皋萝卜条选用经产地农民几百年的精心选育和栽种培育而成的具有

地方特色的“鸭蛋头”白萝卜，该品种形状很像鸭蛋、白皮白心、皮薄、肉嫩、多汁、味甘不辣、嚼而无渣。如皋萝卜刚出土时只要手指轻轻一弹，马上皮迸口裂，甜汁渗出，吃起来嫩脆鲜甜。用它加工腌制的萝卜条甜中带咸，风味独特。

特定的加工工艺

选择白圆萝卜，去蒂、叶、尾须后细心洗净，务必选择雪白光滑的萝卜，腌制后才能保有晶莹光泽。洗净后纵切两刀，再切成块，使块块有皮。选择西北风向的晴天，将萝卜放置通风处，在强光下摊晒。必须勤加翻动，细心照管，夜晚、阴雨和霜冻时要及时遮盖。经过三四个晴天，萝卜片经风脱水后，只有原重的1/3，而且清香四溢，本身已有甜味。经风脱水后的萝卜须当即下盐腌制，每百斤萝卜片加盐7斤，如过夏食用则不得少于10斤。下盐后细心揉拌，使盐分均匀粘在萝卜片上，次日仍须拌和翻动、踩实，以后每日一次，连续翻四次左右，即可紧实装入容器密封，冷藏保管。月余，辣味去尽，色泽改变呈微红色，即可食用。

特定的品质

如皋土壤中富含微量元素硒、锌、硼。硒有抗衰老、防癌变的作用；锌能维持细胞膜稳定性，提高免疫功能；硼能影响人体钙、维生素D、氨基酸或蛋白质等营养成分的代谢。如皋萝卜是长寿食品之一。

如皋的老味道

如皋萝卜条取自田间最原生态的萝卜，没有复杂的腌制工艺，靠的仅仅是传统的老手艺，但正是一代又一代人的坚守，让如皋萝卜条依然保持着这种鲜香脆嫩的味道，这便是如皋老味道。

商品挑选

形似橘片，色泽黄橙，芳香独特。吃的时候脆嫩无渣，咸中带甜，具有香、甜、嫩、脆的特色。

食用小贴士

喝粥时，佐以如皋萝卜条，味道最佳。如皋萝卜条炒青豆也是一道美味小菜。

杭州萧山萝卜干

萧山萝卜干起源于1890年的河庄。勤劳的沙地人在络麻收剥后马上种植萝卜，结果大量的鲜萝卜吃不完。有人试着把萝卜腌制后，放在芦帘（一种用芦苇秆编成的帘子）上任由日晒风吹，等萝卜干了以后再塞进小口坛子里，压紧用泥密封。一年后打开来吃，发现它色泽黄亮，香味浓郁，咸中带甜，味道比鲜萝卜还好。就这样，一传十，十传百，风干萝卜在萧山传开了，其技术也日渐成熟，成了闻名远近的『萧山萝卜干』。20世纪20年代初，萧山萝卜干先后销往杭州、上海、江西、香港、澳门、新加坡等地。

“一刀种”萝卜

杭州萧山萝卜干是一道美味可口的腌渍小菜，属于浙菜系。其原料是产于杭州萧山市坎山、赭山、义蓬、瓜沥、城北等乡镇的“一刀种”萝卜。该地域生产的萝卜味甜、脆嫩、汁多，有“熟食甘似芋，生荐脆如梨”的美名。

“一刀种”萝卜为长圆柱形，直径为4～5厘米，重约150克，外皮较厚，为色白，含水量少。因其长度与菜刀相近，加工时一刀可分两半，从而得名“一刀种”。

传统工艺、加工精细

将“一刀种”萝卜切成条，每条带有边皮，然后摊晒，每日翻动多次，晚间苫盖以防雾浸雨淋。晒2～3日，手感柔软，即可腌制。将萝卜条置容器中，放盐拌匀，用力揉搓。分批进缸，逐层踏实，两日后出缸，匀薄摊晒，勤加翻动。三四日后再加适量盐分拌匀，分层装坛，逐层压实，加盖面盐，黄泥封口。经30多天即可食用。成品不要根、斑点、青头、坏条，经年不坏，香味不散。像绍兴黄酒一样，放得越久越好吃。

美名“小人参”

萧山萝卜干含有一定数量的糖、蛋白质、胡萝卜素、抗坏血酸等营养成分，以及钙、磷等人体不可缺少的矿物质。萝卜干的维生素 B、铁含量很高，是高级养生食物，有“小人参”的美名。

萧山萝卜干有降血脂、降血压、消炎、开胃、清热生津、防暑、消油

腻、破气、化痰、止咳等功效。科学家还发现它含胆碱物质，有利于减肥，它含有糖化酶，可以分解食物中的淀粉等成分，能促进人体对营养物质的消化吸收，又能把致癌的亚硝胺分解掉。

儿时的回忆

在《舌尖上的中国2》中，50岁的绍兴人郑先生这样说道：

> 故乡老房子的厨房角落里，常年摆放着一个暗灰色的陶坛。一打开坛子，萧山萝卜干的特殊香气扑鼻而来。那时候，零食很少，萝卜干就成了孩子们的美味“零嘴”。趁着大人不注意，小孩子们从陶坛里猛抓一大把黄色的萝卜干，放在口袋里，偷偷带出去分给小伙伴们。
>
> 儿时的萝卜干，闻起来有股特殊的萝卜香气，嚼起来有一股自然的甜味。咬一小撮萝卜干，能咽下一大碗白米饭。打个饱嗝后，嘴巴内还冲上一股萝卜的咸香味，滋味悠长。

商品挑选

色泽黄亮、条形均匀、咸甜适宜、脆嫩松口。

萧山萝卜干可以炒着吃、清炖、油焖。尤以萝卜干炒毛豆味道最佳。

云南开远甜藠头

云南开远甜藠头是云南开远市著名特产，是传统名特食品，已有140余年的历史。

藠（jiào）是薤（xiè）的别称。藠头为多年生草本百合科植物的地下鳞茎，叶细长，开紫色小花，嫩叶也可食用。成熟的藠头个大肥厚，洁白晶莹，辛香嫩糯，含糖、蛋白质、钙、磷、铁、胡萝卜素、维生素C等多种营养物质。加工后的开远甜藠头，颗粒整齐，金黄发亮，香气浓郁，肥嫩脆糯，鲜甜而微带酸辣，具有增食欲、开胃口、解油腻和醒酒的作用，是佐餐的佳品。

开山祖师王宝福

开远市位于云南省东南部，隶属红河哈尼族彝族自治州。境内多山，最高的是2776米的大黑山。大黑山，山清水秀、气温凉冷、多雾、空气潮湿，远离城镇乡村、公路，是一片无任何污染的“净土”。

藠头原是大黑山区的一种野生宿根植物的地下块茎，只有遇到灾年才有人挖来充饥。1876年，开远一位制作酱腌菜的师傅王宝福开始用大黑山产的藠头来腌制咸菜。腌制的藠头一经上市，就受到食客的好评。王宝福为保品牌，取妻子孙如兰名字，确定“如兰监制”为防伪标志。

王宝福师傅成为开远甜藠头的创始人，为开远百姓留下了一份宝贵的财富。

开远藠头白如玉

开远藠头以海拔在2000米以上的东山碑格区、马者哨区所产藠头为原料，其中又以阿沙黑村种植的质量最好，具有白净透明、晶莹如玉、皮软

肉糯、脆嫩无渣的特点，被称为“糯藠头”。

开远甜藠头腌渍的辅料有辣椒、红糖、食盐、白酒等。其比例根据口感调配。制作时，先将藠头剪去根须，洗净，去老皮晾干；辣椒用开远西山片区盛产的牛角辣，红糖来自弥勒市竹园，将鲜牛角椒去柄，洗净剁碎；加上配料搅拌均匀后入瓦罐腌制。在瓦罐外口盛满清水，套上瓦盖，每周洗净罐口，更换清水；半月后在罐内表层再均匀地铺撒一层红糖，并淋入少许白酒，密封贮存，两个半月成熟。如不开罐，可保鲜存放两年。

进入清宫身价高

在清朝时开远甜藠头已是朝廷指定的进贡食品。开远甜藠头具有健脾开胃、去油腻、增食欲的作用，其口感嫩、脆、酸、甜，并略带辣味，十分爽口。它既可单独食用，也可作为配料，制成多种美味佳肴。因而获得了“久吃龙肝不知味，馋涎只为甜藠头”的赞语。

百年不变有传承

百余年来，开远人始终保持传统的腌制方法。尽管腌制工艺方面更具规模，但始终不变的是：藠头仍然是大黑山片区主产的，辅料仍然是西山牛角辣和竹园红糖。也正因为历代人对品牌的坚守，才赢得越来越多的食客对甜藠头的钟爱，甜藠头的名气也从国内远播海外。

甜藠头有消油腻、增食欲的效果，还有醒酒、健脾开胃、温中通阴、舒筋益气、通神安魂、散瘀止痛等医疗功效，被人们赞道：“碗中有颗甜藠

头，胃口顿开食欲增。”

商品挑选

腌制成熟的藠头颗粒整齐，金黄发亮，香气浓郁，肥嫩脆糯，鲜甜而微带酸辣。

食用小贴士

由于长时间腌制，瓦罐中会出现甜藠头汁，藠头汁呈黏液状，可以用来做调味汁，味道极佳。甜藠头除了单独作为咸菜吃，还可以制作甜藠头炒肉末、甜藠头汁拌凉米线，味道都十分不错。来到云南开远，甜藠头是不可不带回去的土特产。

昆明玫瑰大头菜

昆明玫瑰大头菜是云南名特产品。创始于明末清初，已有300多年的生产历史，曾在1911年巴拿马国际博览会上获奖。玫瑰大头菜色泽褐红，脆嫩滋润，回甜清香。它是用本地生产的芥菜为原料，配以盐、玫瑰糖、饴糖、老白酱等辅料腌制、日晒、入池密封发酵而成的。

昆明玫瑰大头菜畅销全国各地，远销东南亚地区，在国内外市场上享有盛名。

精工细作、用料独特

玫瑰大头菜是以昆明郊区关上、杨方凹一带出产的上等鲜芥菜头为主料，经过削皮破块，用精盐和磨黑盐三次入池腌制，然后出池滤水，转入泡酱池内进行酱制发酵。先将酱制大头菜的陈年酱汁和经过特殊处理的红糖、饴糖、老玫瑰糖及老白酱（面酱）制成酱汁，便可入池酱制芥块了。

酱腌时，要装一层芥块淋一层酱汁。最后，放上篾巴，压上木板和石头，再加满酱汁，80天即可出池晾晒。晒至两天半，翻个再晒半天，即可收起、入缸、压实、密封，经三个月的贮存发酵后，方为成品。大头菜皮色黑亮、内里褐红、湿润柔软、易贮藏携带。

红糖、饴糖、玫瑰糖

玫瑰大头菜以昆明允香斋的最为有名，《续修昆明县志》记载："大头菜，甘香脆美，以三牌坊允香斋及西仓坡下和羹酱园所制最佳，运销亦广。"据当地老人所言，允香斋大头菜口感独特，与其用糖考究有关。

腌制中用的红糖为当地产的"土红糖"，是甘蔗经榨汁形成的带蜜糖，因为没有经过精炼，几乎保留了蔗汁中的全部营养成分。云南特产饴糖也叫麦芽糖，由当地种植的玉米制成，其主要成分是麦芽糖和糊精。饴糖具有吸湿性，可防食品干燥和其中砂糖的返砂现象，使食品的食味柔和。玫瑰糖是云南大理地区的一种传统食品，在这里世代居住的白族人在每年的4 ~ 5月采摘自己房前屋后的食用玫瑰花瓣，制作成玫瑰糖。玫瑰糖具有玫瑰的香气。

红糖、饴糖、玫瑰糖在腌制过程中各有各的功能，独特的用料产生了独特的风味。

找寻家乡的味道

昆明人用玫瑰大头菜切丝炒剁肉，或切片炒青辣椒，也有切成丁与剁碎的青辣椒、剁肉一并炒着吃。昆明人将此种吃法称为“炒三剁”，是一道深受昆明人喜爱的家常小菜。

“炒三剁”花样翻新，变化无穷，但主角总是玫瑰大头菜。昆明人喜爱玫瑰大头菜，离家千里不忘玫瑰大头菜，总是找寻家乡的味道。

商品挑选

皮色黑亮，内心褐红，色泽油润，酱香浓郁，玫瑰香宜人；吃起来脆嫩鲜美，回味由咸变甜。

食用小贴士

既可切片或丝生拌凉吃，也可炒肉或剁细煮汤熟吃。玫瑰大头菜能增进食欲，是营养丰富的佐食佳品。

云南曲靖韭菜花

曲靖是云南省下辖地级市，距省会城市昆明120公里，素有『滇黔锁钥』『云南咽喉』之称。曲靖饮食文化源远流长，除工艺精湛、风味独特的『宣威火腿』外，还有曲靖韭菜花。『曲靖韭菜花』是全国颇有名气的传统食品，起源于清末，迄今已有一百余年的历史。韭菜花是用新鲜韭菜花与苤蓝丝、辣椒混合在一起经腌制而成的。因韭菜花味突出，故取名为韭菜花。

曲靖韭菜花具有浓郁清香，甜、咸、辣味俱佳，脆嫩味美，鲜香扑鼻，可口的特点，食之能生津开胃、增强食欲、促进消化。早在抗日战争时期，韭菜花就远销昆明、贵阳、南京、香港、澳门等地。

风中奇缘

据传，韭菜花竟有一段“风中奇缘”。曲靖西北上菜园村有一农妇擅长腌制苤蓝丝，一天忽然起风，韭菜地里许多成熟的韭菜花果被风吹起，落进了晒在场院上的又卷又曲的苤蓝丝中，农妇左拣右拣就是拣不干净，无奈就把它们一起腌制封缸。酿化半年以后开坛，却酿出了浓郁的清香味，而且甜咸辣脆。其子进京赶考，带着这巧合而成的韭菜花上路，同窗品尝后，都赞不绝口。

其子中榜后，农妇不再务农，但腌制韭菜花的手艺留在了当地。邻里乡亲纷纷效仿，使曲靖韭菜花得以流传。

民间制作工艺

经过成年累月的民间总结、一代代人的不断探索，人们逐步改进配方和制作方法，形成了曲靖韭菜花制作工艺。制作时，选取半籽半花的韭菜花剁细后，加配盐巴、白酒，搅拌均匀，放入罐内，用半年时间使韭菜花内质糖化。然后，拌上干苤蓝丝、辣子、红糖、白酒腌制，待呈黄红色即可。它味道鲜美，回甜适口，脆嫩无渣，有浓郁的韭菜花香。

得天独厚，无可替代

曲靖韭菜花成名后，外地纷纷仿造起来。有趣的是在外地制作的韭菜花，无论如何调配，即使把曲靖的腌制方法一揽子搬过去如法炮制，也难以达到曲靖韭菜花的口味。经过检测说明，外地的韭菜花氨基酸含量远远低于曲靖韭菜花氨基酸的含量，加工出来的韭菜花味道大不相同，用不着尝，闻一闻就会知道。韭菜花原料必须是曲靖的，这叫得天独厚、无可替代。

曲靖韭菜花用料讲究：韭菜花是当地种植3年的韭菜开的花，质地细润无渣的苤蓝，肉厚籽少、香辣适中的细黄辣，以及新寺沟和白龙井的山泉水。清朝末年即作为贡品成为宫廷珍馐，1928 年曾获巴拿马国际金奖，后又作为支前物资运往越南和老挝。

小咸菜变成了大产业

民国初年，刘恒斋和陈砚甫在城关土桂街开设恒美斋和砚安记店铺，专门制作韭菜花出售。后来，曲靖市成为通往川、黔两省的主要通道，韭菜花销量因此大增，成为传统名特食品。

如今酱菜厂已在传统生产韭菜花的产地建立了原料基地，投放资金，进行科学栽培，扶持原料生产。同时，酱菜厂引进了真空包装设备，延长了保质期，提高了产品质量，采用精制风格的刻花陶罐包装、特制塑料袋包装和软罐头包装，使产品外观新颖并富有民族特色。

商品挑选

色泽黄红色，具有韭菜花固有的浓郁清香，甜、咸、辣味俱佳，脆嫩味美，鲜香扑鼻。

韭菜花作为涮羊肉调料最佳。

陕西潼关酱莴笋

潼关酱笋是陕西省潼关县久负盛名的传统名菜，属于陕西菜系。此酱菜历史悠久，闻名遐迩。此菜选料考究，做工精细；外形美观，红褐透亮，色泽鲜润；酥脆鲜嫩，咸中有甜，笋香浓郁；酱香扑鼻，食之开胃，风味独特，耐于长贮。

潼关酱笋营养丰富，富含脂肪、蛋白质、氨基酸、粗纤维、糖、氮化物、铁、磷、钙等多种营养成分。并有促进食欲、壮健身体的功能。素有“十里放香”的美誉，是中国“农产品地理标志”保护产品。

皇宫贡品，称为“廷笋”

潼关酱莴笋创始于清朝康熙年间，最初由山西省临晋县陶康村姚三才的曾祖父试制成功。他制出的酱菜味道鲜美，之后他在潼关石桥西开设了一个专门经营酱菜的店铺，取名“万盛源”酱园。

据清代《内文献》记载：“陕西潼关久著历史，而城内外潼河沿岸水土优美，所产之酱笋酱菜为全省之冠。”万盛源酱莴笋选料精细、加工严谨、经营有道。清朝咸丰时期得到迅猛发展，光绪时期列为贡品，亦称“厅笋”。

“铁杆青笋”加“河东大盐”

潼关酱笋之所以久负盛名，主要是它选用当地所产上等莴笋为原料，精心加工而成。潼关北依黄河，南依秦岭，是八百里秦川的东大门，这里气候温和、水源丰富、土地肥沃。莴笋生长期长，头年10月播种，次年6月收获，生长期达8个月之久。所产莴笋挺直坚实、个大皮薄、粗壮肉嫩、清脆可口。上下粗细均匀、叶黄、外皮发白、内皮变硬为优质莴笋，号称“铁杆青笋”，是制作酱笋的理想原料。

腌渍用盐选用山西运城内陆盐湖所产的“河东大盐”。腌制酱菜的必备

辅料面酱是用优质面粉发酵酿造而成。腌制过程全部采用手工操作，无论是晒酱搅拌还是笋段入酱倒缸，都在烈日下操作。其产品至今仍按照传统工艺操作，因而酿制的酱菜风味独特，具有酱香浓郁、回味悠长等特点，深受消费者喜爱。

酱香扑鼻引游客

民国以后，潼关酱业十分发达，除万盛园外，尚有万丰魁、万丰合、万兴合、万寿丰、刀新隆、万聚合等20多个中小型酱园。那时候，万字号酱园及分号遍布潼关老城大街小巷，旧时潼关老城四处酱园林立，满城酱香扑鼻。

外来之人一到潼关就会直奔酱园，以能买到潼关酱菜赠送亲友为快事。1924年7月，鲁迅先生与津京文化名人十余人，赴西北大学讲学，专程来潼关品尝当地特产。据《鲁迅日记》记载："午抵潼关，买酱莴笋十斤，泉一元。"回京后大多分送亲友，一时传为佳话。

名扬四海发扬光大

1915年贵州茅台酒和潼关酱莴笋一同去参加巴拿马国际食品博览会。当时洋人对盛茅台酒的陶罐不屑一顾，急中生智的中国参展人员便敲碎坛罐，顿时酒香四溢，一片哗然；而盛有潼关酱菜的竹篓不用启封就酱香扑鼻，引起众人垂涎……潼关酱菜与贵州茅台酒同时荣膺巴拿马万国博览会金奖。从此潼关酱菜誉满华夏，名扬四海。

改革开放以后，潼关酱莴笋得到进一步发展。1983年被评为优质名特产品；1992年经国家有关部门批准，载入《中国土特名产》和《中国土特名产辞典》书中。2007年，万盛园酱菜获“陕西省名牌产品”称号，“万盛园”商标被评为陕西省著名商标，2009年，万盛园酱菜手工技艺录入陕西省非物质文化遗产代表作名录。

商品挑选

潼关酱莴笋色泽红黄，鲜润夺目，咸度适中，稍带甜味，酥脆爽口，气味芳香。因成品笋节上仍保留一层内笋皮，所以又叫“连皮酱笋”。

潼关酱莴笋咸淡适中，配上一碗白米粥，堪称美味。炎炎夏日，如果没有胃口，酱莴笋就是开胃小菜。

宜宾芽菜

宜宾芽菜是四川宜宾市别具特色的腌制名菜，始创于清朝道光年间。宜宾旧称叙州，故古称『叙府芽菜』。宜宾芽菜与『涪陵榨菜』『南充冬菜』『内江大头菜』一起称为四川四大名菜。

宜宾芽菜除在本省销售外，还远销昆明、香港、澳门及东南亚地区。1982年被评为四川省优质产品，1985年被评为全国优质产品。近年，经过精加工的宜宾“碎米芽菜”，以其质量上乘、物美价廉而深受人们喜爱。

源于民间

乾隆年间，川蜀之地宜宾小城里，有一对恩爱夫妻。因为家贫如洗，他们天天以青菜度日，好在妻子手巧贤惠，为了使青菜易于保存，妻子琢磨出一套腌制青菜的方法：取青菜嫩茎切成细条，用红糖、盐等腌制后放入瓷坛保存。因为此菜嫩似幼芽，故取名“芽菜”。

后来为支持丈夫上京赶考，妻子在城里开了一个小吃摊，每道食物里必辅以芽菜提味，味道鲜美、甘甜适中、回味悠长，令人唇齿留香，小摊生意十分红火，一时间全城妇人皆前往学习腌制芽菜的手艺。再后来，丈夫高中，宜宾芽菜从此声名远播，全国闻名。

传统工艺、现代科技

在宜宾芽菜的长期发展历史过程中，形成了一套独特的加工工艺。据史料记载，在清朝光绪年间，叙州近郊的农户在冬末春初，选用当地芥菜“二平桩”的嫩茎，切成筷子粗细的丝晒成半干，每100斤鲜菜，可得干菜10 ~ 13斤。将晒好的菜置桶内分层撒盐拌匀；另熬糖液至挑起成丝的程度，与菜混均，并加香料，装坛。腌制时间在一年以上。

现在在传统工艺基础上，结合现代食品科技和管理，做出的芽菜更加

味香爽口，营养丰富。

奇妙的微生物

宜宾芽菜在长期的发展过程中，在自然环境和人文因素的共同影响下，逐渐形成了自己独特的风味，并得以代代相传成为四川家喻户晓的传统酱腌菜。

宜宾芽菜加工原料“二平桩”是四川宜宾市地方特有品种，属于小叶芥类，成熟后的根条柔嫩而富有弹力，是宜宾芽菜最佳的原料。其次，宜宾市气候属于亚热带湿润季风气候，常年温和湿润，空气和土壤环境中有丰富的适宜腌制发酵的微生物，这些大量的有益微生物在芽菜的腌制发酵过程中让宜宾芽菜具有了独特的风味。这与宜宾市另一个久负盛名的特产“五粮液”有着异曲同工之妙。

香鲜可口、食用广泛

宜宾芽菜含有氨基酸、蛋白质、维生素、脂肪等多种营养成分，具有“香、甜、脆、嫩、鲜”等特点，食用广泛，荤素兼宜，冷热皆可，是蒸、炒、汤菜和面食的好佐料。宜宾芽菜能与各类粮食、禽蛋、蔬菜制成多种精美的传统面点、菜肴，香鲜可口、回味绵长，在川菜中独领风骚。

近年来，随着食品工业的发展，人们将其引入方便面、饭、罐头、速冻食品以及滇、鲁、京、粤菜中，逐渐形成芽菜系列，品种逾百，如咸烧扣肉、芽菜蛋炒饭、叶儿粑等。

商品挑选

宜宾芽菜要求色褐黄、润泽发亮、根条均匀、气味甜香、咸淡适口、质嫩脆，无菜叶、老梗、怪味、霉变。

芽菜由于质嫩脆、味甜香，除用作烧白底子外，多用于调味，如敖汤提味、做肉馅等。烧肉和炒肉丝中放些芽菜，都可增加鲜味。

山西平定黄瓜干

山西平定『黄瓜干』历史悠久、质量上乘，主要产于平定县后沟、河头两村。平定黄瓜干从明朝洪武年间就开始生产了。

平定黄瓜干选用优质无刺无籽幼瓜为原料，以清脆、爽口、香醇味厚、食用方便而受到人们的青睐。平定黄瓜干清朝时被定为进贡皇室的物品，享有“龙筋”之誉。富含人体必需的维生素、钾盐、氨基酸、糖类等多种营养成分，能促进肠胃蠕动，有降低胆固醇的作用。

煤火烤制的黄瓜干

平定黄瓜干的制作工艺是后沟村刘、李两家祖先所创。在明朝洪武年间，刘、李两家的祖先由洪洞来到平定州，并选择后沟村作为长久定居地，因这块土地三面环山，山上树木茂密，河水四季长流，气候宜人，非常适宜开垦生存。他们在这块土地上辛勤耕耘，繁衍几十年，除开垦山坡地种植粮食作物外，还利用丰富的水资源打井发展菜园，种植黄瓜等蔬菜。当时冬季没有吃的蔬菜，他们就把夏、秋两季的大田菜进行干制后放到冬季食用。经过多次实验，最后制作成黄瓜干，即“龙筋”牌黄瓜干。

“龙筋”牌黄瓜干

关于“龙筋”牌黄瓜干的由来，清代李玉书的《梦花堂从集序》有记载：“康熙四十二年，康熙西巡，驻柏井驿休憩，在食用此品后，对其称赞不已。”到乾隆年间，乾隆皇帝又亲笔御批“龙筋”二字，以示“龙筋”牌黄瓜干的独特。从此，“龙筋”牌黄瓜干真正成为平定古州的一大名品，并进入美馔佳肴“宴席四干”的名列。

早期的脱水蔬菜

平定黄瓜干制作的原料并不是一般的黄瓜，而是后沟、头两村民间百姓长期培育出来的一种特殊品种，晋东人称其为“平定黄瓜”。这种黄瓜外表光滑无刺、色泽纯绿、肉厚瓤少，特别适宜加工。用这种黄瓜制成的黄瓜干，经水浸泡后，就如新摘下的鲜黄瓜一样。

在加工黄瓜干的过程中，必须严格操作。加工时，先用刮子刮去黄瓜外皮，然后顺长分为四条，放在架杆上，用炉火烘烤，温度保持在50℃左右，经一昼夜的烘烤，当架杆上烤制的黄瓜干水分脱尽，萎缩成细条时，便成了黄瓜干。将烤好的黄瓜干扎起后，密封于大缸内，可随食随取。装入塑料袋封口后，可长期存放而色味不变。

专用烘干设备

黄瓜干在烤制过程中所用的器材主要有烤炉、煤炭、烤架、架杆、刮子和刀子等。烤炉和村民做饭的炉子很相似，用砖砌成，高约80厘米，宽约90厘米，长依据火口的多少而定。火口呈圆形，直径约25厘米；炉膛呈喇叭形，下宽上窄，下宽约45厘米；炉条至炉口深约50厘米；灰坑挖在地面下。煤炭要求必须是晋东地区的无烟煤，同时要掺和红土打成煤糕后方可使用，烤架用木缘和杆搭成。架杆用来串黄瓜干条，架在烤架上进行烤制。刮子和家庭常用的刮皮刮子一样，但要选择缝窄的，这样刮掉的皮比较薄。刀子的形状像小镰刀，用来刮去瓜瓤和剖切瓜条。

复水后食用

平定黄瓜干在食用的时候也特别讲究。一般将黄瓜干用冷水浸泡一定的时间，然后捞出来，冲洗干净，控净水，切成菜丝，用佐料腌制成香、甜、酸、辣等多种口味的小菜。用黄瓜干小菜下酒，吃起来“嘎嘣”脆，真是别有滋味。

做这种名菜小吃的绝招有两条：第一，掌握好烤黄瓜干的火候、温度与时间；第二，掌握好浸泡黄瓜干的水温和浸泡时间。这两招如有一招失度、失时，黄瓜干小菜就要失去外韧内脆的口感特色。

商品挑选

平定黄瓜干皮肉均为翠绿色，表面光洁、无皱，食时清脆味甜、外韧内脆、清香可口，以清脆、爽口、香醇味厚、食用方便受到人们的青睐。

食用小贴士

平定黄瓜干可单独成菜，也可和其他原料混合制菜，如干黄瓜炒肉丝、干黄瓜炒鸡丁、干黄瓜炒牛柳、麻辣干黄瓜等。

涡阳苔干

涡阳苔干产于安徽省亳州市涡阳县义门镇，是由莴笋加工成的半干品条状蔬菜，在产地已有几百年的加工种植历史。在清朝康熙和乾隆年间，涡阳苔干均被地方官员作为贡品进贡给朝廷。涡阳苔干含有17种氨基酸，以及糖、蛋白质、钙、磷、钾、钠、铁等营养成分，是天然的绿色食品，具有清热、明目、解毒、利五脏、通经脉等功效。2006年9月，国家质检总局批准对涡阳苔干实施地理标志产品保护。

“中国苔干之乡”

老子故里在涡阳，传说老子曾在故里太清宫无忧园里种植莴苣，不作菜吃，专为炼丹药所用。太清宫距义门镇仅15公里，明清时期，太清宫陷于兵燹，这种植物种子便流入民间，被义门孟园张秀楼村张姓村民所得。

涡阳苔干起初得名“绣楼苔干”。因义门大集称“庙集”，故又叫“庙集苔干”。迄今义门如今被称为“中国苔干之乡”，其菜正式命名为“涡阳苔干”。

“打叶刨皮、利刀出菜”

涡阳县属于温带半湿润大陆性季风气候，光照充足，气候温和，雨量适中，四季分明，无霜期较长，极适于莴苣生长。作为苔干生产的莴笋以当地品种“老来青”为主。莴苣收获后应立即切晒，切晒是苔干生产的关键，要经过除叶、削皮、切片、晾晒等工序。切时要求刀刀笔直，苔片厚薄、长短一致，根部一端仍相连，便于搭晒。苔片大部分水分蒸发，萎蔫后就可以扎把上市出售。

“响菜”

苔干吃起来有海蜇的响脆口感，1983年首次出口日本、韩国等国家后，又以“山蜇菜”名扬海外。苔干制成后一般打包运往各地销售，开包以后，清香扑鼻，因此被广东和香港的客商称为“香菜”。

“山蜇菜”也好，“香菜”也罢，均不及周恩来总理命名的“响菜”名气大。1958年周总理在国宴上品尝此菜时，因清脆有声，将其称为“响菜”。然后“涡阳苔干”就以“响菜”叫响中国。

天然的绿色保健蔬菜

涡阳苔干虽系干品，但经清水泡发后，具有色泽翠绿、响脆有声、味甘鲜美、爽口提神的特色，故以“清新素雅”著称，备受海内外消费者青睐。

据中国农科院蔬菜所分析化验，该菜具有较高的营养和医疗价值，含有20多种人体必需的矿物质及氨基酸，具有降血压、通经脉、活血健脑、开胸利气、壮筋骨、抗衰老、清热解毒、预防高血压和冠心病等功效。

商品挑选

经清水泡发后，具有色泽翠绿、响脆有声、味甘鲜美、爽口提神的特点。

涡阳苔干菜吃法多样，它既可单独成菜，又可以拼盘成菜，既可以凉拌，又可以热炒；既可以制作中餐，又可以制作西餐。咸、甜、麻、辣均可，晕、素、煎、煮皆宜。